TEORÍA GENERAL DE SISTEMAS
Un enfoque hacia la Ingeniería de Sistemas

DOUGGLAS HURTADO CARMONA

Teoría General de Sistemas
Un enfoque hacia la Ingeniería de Sistemas
Segunda Edición
Dougglas Hurtado Carmona

© **2011, Copyright de esta edición:**
Dougglas Hurtado Carmona

ISBN: **978-1-257-78193-5**

Más Información:

dhurtado@samartinbaq.edu.co
dougglash@yahoo.com.mx
dougglas@gmail.com

Portada:
Sander Cadena Hernández

AGRADECIMIENTOS

A DIOS todo poderoso.

*A La **Fundación Universitaria San Martín**, especialmente **al Dr. José Santiago Alvear**, y a la **Facultad de Ingeniería (Jorge, Lucho, Horacio, Nelson y Karol).***

*A mis amigos **Roberto Salas** y **Ralph Rodríguez**.*

*A mi esposa **Luisa** y a mis hijos **Dougglas David** y **Maauxi Andrea**.*

A mis primeros "Pupilos"

Carlos Acosta, Edwin Andrade, Carmen Barraza, María Barros, Samir Cuello, Trinidad De Alba, Jerson Eguis, Israel Escobar, Gunther Hillenbrand, Shirley Jiménez, Gustavo Julio, Deivis Lozano, Jaime Maury, Luis Carlos Mercado, Luz Milena Mora, Eduardo Muvdi, Nazly Olmos, Winsthon Peláez, Guillermo Rodríguez Mass, Luz Karime Rico, Gabriel Salas, Jean Carlos Salinas, Carlos Sánchez, Johana Santana, Lia Stand, Jorge Sugura, Juan Silva, Danilo Torres y Jorge Vengoechea.

AUTOR

DOUGGLAS HURTADO CARMONA

M.Sc. Magíster en Ingeniería de Sistemas y Computación, Ingeniero de Sistemas, Minor en Administración y Seguridad de Sistemas de Información. *Certificación IBM* en Administración de Sistemas de Información. *Diplomados en Investigación Científica, Desarrollo de Aplicaciones para la Web, Seguridad Informática y Computación Forense* y en *Educación y Pedagogía*.

Desde el año 2002 se desempeña como Jefe de Investigaciones de la Facultad de Ingeniería de la Fundación Universitaria San Martín Sede Puerto Colombia, Barranquilla – Colombia.

Conferencista nacional e internacional, con 12 años de experiencia docente Universitaria en las áreas de Programación por Objetos, Estructura de Datos Orientada a Objetos, Teoría de Sistemas, Análisis y diseño de sistemas, Sistemas Operacionales, Compiladores, Bases de Datos, Programación Concurrente y Cliente – Servidor en Java, Desarrollo de aplicaciones para Internet, Seguridad informática, computación forense y planes de contingencia.

Investigador en los tópicos de la Seguridad Informática, Computación Forense, Teoría General de Sistemas y dinámica de sistemas para ingeniería de software y Teoría de Compiladores. Desarrolló las investigaciones *"Análisis del desarrollo de competencias a partir de la utilización de la Enseñanza Asistida por Computador"* la cual recibió Mención Especial en los Premios ACOFI 2007; y *"Metodología para el desarrollo de sistemas basados en objetos de aprendizaje"*. Adicionalmente creador de OSOFFICE, Software Educativo para la enseñanza de Sistemas Operacionales.

Se ha desempeñado como Director de proyectos de desarrollo de software, analista y programador de sistemas, administrador de proyectos de TI, Ingeniero de seguridad informática, en forma independiente ha asesorado a empresas, participando en la construcción de software.

TABLA DE CONTENIDO

A GUISA DE PROLOGO

1. BASES SOBRE LA TEORÍA GENERAL DE SISTEMAS   1

EL ENFOQUE REDUCCIONISTA   1

La Especialización   *1*

La Teoría Reduccionista   *1*

EL ENFOQUE DE LA TEORÍA GENERAL DE SISTEMAS   2

Planteamientos de la Teoría General de Sistemas   *2*

Marcos de Referencia para el Estudio de la T.G.S   *3*

Tendencias de aplicación práctica de la T.G.S.   *4*

ENFOQUES DEL ARTE DE RESOLVER PROBLEMAS   7

¿Qué es un Problema?   *7*

Primer Enfoque: Modelación de la Realidad   *7*

Segundo enfoque: la creatividad y las restricciones   *8*

2. FUNDAMENTOS DE SISTEMAS   11

DEFINICIONES BÁSICAS   11

Definición de Energía   *11*

Definición de Sistema   *11*

Definición de MegaSistema   *12*

Definición de SuperSistema	*12*
Definición de SubSistema	*13*
ELEMENTOS DE UN SISTEMA	13
Objetivos	*14*
Sinergia	*14*
Recursividad	*15*
Las Corrientes de Entrada	*15*
El proceso de Conversión	*16*
Corrientes de Salida	*16*
La Comunicación de Retroalimentación	*17*
Las Fronteras del Sistema	*18*
Entorno de un Sistema	*18*
NIVELES DE ORGANIZACIÓN DE LOS SISTEMAS	19
ENTROPÍA EN LOS SISTEMAS	20
Entropía	*20*
Entropía Negativa	*21*
Niveles de Entrada de la Entropía	*22*
ADMINISTRACIÓN DE SISTEMAS	22
Identificación de los Objetivos del Sistema	*22*
Administración del Sistema	*23*
Auto Aprendizaje de Sistemas	*23*
Auto Organización	*24*
Legalización del Sistema	*24*
CONTROL DE SISTEMAS	25
Índices del Control de Sistemas	*25*
La Retroalimentación y el Control de Sistemas	*26*

Subsistemas de Control — *27*

3. DINÁMICA DE SISTEMAS — 29

CONCEPTOS BÁSICOS — 29

¿Qué es la Dinámica de Sistemas? — *29*

Sistema Dinámico — *29*

Diagramas Sinérgicos o de Influencias — *29*

Diagramas de Forrester — *34*

Sistemas Dinámicos de Primer Orden — *37*

Sistemas Dinámicos de Segundo Orden — *38*

4. CONSTRUCCIÓN DE MODELOS INFORMATICOS — 41

ESTRUCTURA DEL MODELO INFORMÁTICO — 41

Programación Estructurada — *41*

Programación Orientada por Objetos — *41*

HERRAMIENTAS — 42

Lenguaje de Programación — *42*

La Clase SistemaDinamico en C++ — *42*

PROBLEMA DE LA POBLACIÓN DE POLLOS — 43

Modelo Matemático — *44*

Modelo Informático basado en C++ — *45*

Modelo Informático basado en Java — *46*

PROBLEMA DE LA POBLACIÓN DE CONEJOS ADULTOS Y CONEJOS JÓVENES — 47

Enunciado — *47*

Objetivo — *47*

Diagrama Sinérgico — *47*

Diagrama de Forrester … 48

Modelo Matemático … 48

Modelo Informático basado en C++ … 49

Modelo Informático basado en la Clase SistemaDinamico … 50

Modelo Informático basado en Java … 51

PROBLEMA DEL ESTANQUE DE AGUA A UNA TEMPERATURA … 53

Enunciado … 53

Objetivo … 53

Diagrama Sinérgico … 53

Diagrama de Forrester … 53

Modelo Matemático … 54

Modelo Informático basado en C++ … 55

Modelo Informático basado en la Clase SistemaDinamico … 56

Modelo Informático basado en Java. … 57

5. CONSTRUCCIÓN DE MODELOSINFORMATICOS CONCURRENTES … 61

INTRODUCCIÓN A LA PROGRAMACIÓN CONCURRENTE … 61

Definiciones Básicas … 61

Principios de la Concurrencia … 62

Características de los Procesos Concurrentes … 63

Problemas de la Concurrencia … 63

CONCURRENCIA EN JAVA … 64

Introducción … 64

Métodos de la Clase Thread … 64

ESTRUCTURA DEL MODELO INFORMÁTICO CONCURRENTE … 65

Programación Estructurada Concurrente … 65

Programación Orientada por Objetos   65

Construcción de Objetos   65

PROBLEMA DE LA CUENTA DE AHORROS   68

Enunciado   68

Objetivo del Sistema   68

Diagrama Sinérgico   68

Diagrama de Forrester   69

Modelo Matemático   69

Modelo Informático   69

6. CONSTRUCCIÓN DE MODELOSINFORMATICOS CLIENTE SERVIDOR   75

INTRODUCCIÓN A LA PROGRAMACIÓN CLIENTE SERVIDOR   75

Modelo Cliente Servidor   75

Componentes esenciales de la infraestructura Cliente/Servidor   76

Ventajas   77

Inconvenientes   77

PROGRAMACIÓN CLIENTE SERVIDOR EN JAVA   78

Introducción a TCP/IP   78

Comunicación mediante el protocolo TCP   79

ESTRUCTURA DEL MODELO CLIENTE SERVIDOR   81

PROBLEMA DE LA CUENTA DE AHORROS EN LÍNEA   82

Enunciado   82

Modelo Matemático   82

Modelo Informático   82

7. DE DINÁMICA DE SISTEMAS A UML 105

INTRODUCCIÓN 105

FASE DE ANÁLISIS EN UML 106

Modelo Conceptual del sistema *106*

Casos de Uso *109*

Diagrama de Secuencias de la fase de análisis *111*

FASE DE DISEÑO EN UML 115

Diagrama de Secuencias del Diseño *115*

Diagrama de Clases del Diseño *119*

BIBLIOGRAFIA **127**

A guisa de prólogo

Seguramente en razón de nuestra provechosa, cálida, creciente, ininterrumpida y estimulante relación que hemos construido a lo largo de los últimos 12 años, "referenciada" por las apasionantes actividades académicas comunes a nuestro quehacer de este periplo cargado de febriles, dramáticas y acuciosas acciones ligadas a la "producción" de los mejores ingenieros de estas modernas y subyugantes tecnologías- TIC's- que incuestionablemente arropan y arrastran al mundo de hoy y del mañana, el autor del texto que presentamos, seguramente impulsado por su proverbial generosidad, me señaló la tarea de pergeñar unas rápidas y breves acotaciones a manera de introito a su intensa, ininterrumpida y prolija labor intelectual enmarcada deliciosamente en la construcción del conocimiento y su relevante transmisión a las generaciones que se forman para marcarlos, estructurarlos y guiarlos con una visión de trascendencia hacia la sociedad, en estas apabullantes disciplinas.

Yendo a contrapelo con los esquemas convencionales establecidos en esta clase de ejercicios, cuando se induce a los futuros lectores- llámense estudiantes, docentes, investigadores, profesionales afines a estas disciplinas guiadas por las más modernas tecnologías enmarcadas en la denominada Sociedad del Conocimiento- precedida esta por la Sociedad de la Información que irrumpió en el año 2.000 con la Explosión de Internet la que vino en cadena luego del desarrollo de la Sociedad Post-industrial de mediados del siglo pasado y de la misma Sociedad Industrial que con la identificación o si se quiere el descubrimiento de la electricidad de comienzos del siglo XIX que revolucionó y despertó la vida fabril sepultando los esquemas artesanales de producción de bienes-, que estamos alimentando y de la cual fungimos de protagonistas y líderes, no me referiré al texto que el autor somete al riguroso escrutinio de la exigente comunidad académica: Las 152 cuartillas, los siete capítulos que abarca la Teoría General de Sistemas- Bases sobre la Teoría General de Sistemas, Fundamentos de Sistemas, Dinámica de Sistemas, Construcción de modelos Informáticos, Construcción de modelos Informáticos Concurrentes, Construcción de modelos Informáticos Cliente Servidor- la esencia conceptual y filosófica de la propuesta ligada inexorablemente a los aspectos "neurales" en el vértice mayor de la formación del Ingeniero de Sistemas con una visión holística, se la dejamos- como no ha de serlo- a quienes abordarán el estudio de la Teoría General de Sistemas ya en el marco formativo, ya en el investigativo, ora en el de las discusiones y controversias propias de los estudiosos de estas fascinantes disciplinas, cuando acaricien y se involucren en diseccionar el examen del texto propuesto a la sociedad de estudiosos de la Informática y acaso de otras disciplinas concomitantes.

Deseo si, trazar una rápida pincelada sobre la atípica y relevantes características que posibilitan aproximarse a la personalidad, a su propio perfil y por ende a su actividad profesional. del autor del texto en comento: Nacido y formado en sus primeros años en una población rural por excelencia, el municipio de Turbaco asentado en las goteras de Cartagena de Indias, de padres provenientes de esta población y de María La Baja, igualmente rural, quienes se distinguieron por consagrarse a sus propias labores asociadas al sustento y desarrollo de los seis hijos- con trabajos en la Policía Nacional así como en el comercio mayorista de cerveza el varón, y al desenvolvimiento del hogar propiamente dicho encargado a la mujer y marcado de contera por ser el último vástago de esta numerosa familia. Enviado a la capital del departamento, cursó el bachillerato-en el Colegio Salesiano- con gran provecho académico distinguiéndose a lo largo de esos años entre los más sobresalientes de su promoción y evidenciándose una singular coincidencia, cual fue que el colegio donde cursaría su educación secundaria y donde se graduó como tal, obró de pionero- hacia 1.986- en disponer por aquel entonces un Salón de Informática inexistente en los pares de la época, deslizándose desde esos años mozos su curiosidad, habilidad innata e interés por esta disciplina, apenas naciente en nuestro medio y potenciada en cuanto a la vocación por algún amigo cercana de la familia- Don José Rodríguez o "Pepín"- quien intuyó premonitoriamente hacia donde debía aplicarse este ingeniero en potencia.

Por la cercanía física y por seguridad mayor cuando en tales años el país se debatía en una cruenta lucha contra los Capos de la droga- 1.989 con el magnicidio de Luís Carlos Galán, 1.990 y años subsiguientes-, se determinó que la carrera la cursase en la Universidad del Norte dejando de lado la Universidad Industrial de Santander muy calificada y atractiva para incursionar en esta aún novedosa y acaso desconocida disciplina.

Allí, en la Universidad del Norte, forjó el autor su formación académica de pre y postgrado destacándose siempre como Estudiante Distinguido en ambos periplos y además becado en el pregrado tanto por la institución educativa como por convenios de esta con empresas de la región que estimulaban el talento como lo fue la Fundación Mario Santodomingo de tal conglomerado empresarial. En esta- la Universidad del Norte-, durante sus estudios se inició su creciente e ininterrumpido interés por la Teoría de Sistemas y como paradoja su tutora no fue quien lo indujo a transitar por tal camino profesional por cuanto sus enseñanzas nunca fueron de su agrado, más si el tema en sí que le comenzó a interesar y apasionar desde entonces.

Luego de una corta estancia laboral en Cartagena de Indias, ya recién graduado en la primera etapa de su vida profesional, se vinculó desde sus inicios y en forma ininterrumpida a nuestra institución irrumpiendo como catedrático en la asignatura Teoría de Sistemas- y poco después en todas las áreas disciplinares de la carrera- , tópico este que lo ha marcado desde entonces y con el que ha crecido sin prisa y sin pausa, llegando a la producción del texto que hoy se entrega a la comunidad académica para su degustación y riguroso escrutinio.

Ya en su calidad de investigador, su producción intelectual se ha consagrado a desarrollar y fortalecer tres tópicos específicos, en los cuales la Facultad de Ingeniería y la propia Fundación Universitaria San Martín en su sede de Puerto Colombia- la que por conducto de su rector el doctor José Santiago Alvear ha patrocinado la publicación del libro objeto de estas acotaciones con un impulso decidido y creciente a nuestras intensas actividades académicas e investigativas- , madre y guía de sus afortunados quehaceres ha propiciado con entusiasmo y tesón al través de su creciente evolución: Teoría de Sistemas; Metodologías de Objetos de Aprendizaje; y Seguridad Informática.

He aquí una paradigmática e incontrovertible muestra de esta atractiva evolución, dinámica y vigorosa en este apasionante tránsito en la producción académica, intelectual e "ingenieril" de este formidable espécimen, quien forma parte destacada de nuestra cantera académica en la formación de los mejores y más trascendentes ingenieros de estas novísimas generaciones; quienes seguramente contribuirán a la transformación y mejor estar de nuestros congéneres con sus ingeniosas y creativas soluciones tecnológicas.

Y, parodiando a la jerga gastronómica tan de moda por estas calendas, les pronosticamos "Buen Provecho" a sus afortunados lectores.

Ing. Jorge A. García Torres
Decano Facultad de Ingeniería
Fundación Universitaria San Martín, sede Puerto Colombia

Barranquilla, 29 de abril de 2.010.

BASES SOBRE LA TEORÍA GENERAL DE SISTEMAS

Capítulo 1

EL ENFOQUE REDUCCIONISTA

La Especialización

Decimos que un profesional del saber es **especialista** cuando ha profundizado altamente el estudio de una pequeña área del conocimiento. Esto es, un cardiólogo, que es un especialista de la salud, estaría capacitado en buena forma para resolver problemas referentes al corazón humano, y un abogado, que es un especialista en leyes, ayudaría a afrontar los problemas de tipo judicial.

La especialización ha entrado en el área del saber y en la sociedad con gran fuerza, reemplazando a los "Sabios" de la antigüedad. Si comparamos las escuelas de educación elemental de nuestros padres y las de sus nietos, encontramos en las primeras, una *maestra* que enseñaba todas las materias (biología, idiomas, matemáticas, estética, educación física, etc.); En cambio en las segundas, las asignaturas se encuentran dictadas por varios profesores. Igualmente, cuando consultamos a un "médico general", por una enfermedad que nos aqueje, muchas veces nos "remiten" a un especialista en un área particular de la salud. A donde quiera que miremos, encontramos la especialización, en el trabajo, en las escuelas, las universidades, etc. Así, para el desarrollo de cualquier proyecto se "juntan" especialistas de distintas áreas del saber para desarrollarlo.

Las áreas del saber que representan a la especialización son aquellas que se concentran en una "parte" de otras áreas del saber, por ejemplo: Cada una de las Ciencias de la salud (Dermatología, Urología, Histología, etc.), y las Ingeniarías (Mecánica, de Sistemas, Civil, Electrónica, etc.). Con la especialización el término *Maestro Integral* desaparece por completo para darle campo al término **Especialista.**

La Teoría Reduccionista

La **Teoría Reduccionista** es un enfoque metodológico fundamentado en la especialización. Es decir, esta teoría estudia los fenómenos complejos basándose en el análisis de sus partes[1]. Esta teoría se concentra en ir de lo general a lo particular, así como, cuando nos duele una muela acudimos al Odontólogo (Especialista en Dentadura Humana) y no al Dermatólogo (Especialista en Piel Humana).

---

[1] Johansen, 1996

De hecho, todos los programas de pregrado de las universidades son especializaciones del conocimiento total: las Maestrías son estudios de especializados de los programas de pregrado, como lo son los Doctorados de las Maestrías y los PostDoctorados de los Doctorados.

Es notoria la gran contribución que ha aportado al saber humano esta teoría reduccionista, entre ellas, el tratamiento adecuado de enfermedades, las telecomunicaciones, la informática, etc., pero también es cierto, que no disfrutamos de todo el espectáculo al "especializarnos", es decir, al *reducir demasiado* nuestro objeto de estudio nos perdemos del panorama general.

Consecuentemente, existen fenómenos como son los **Sistemas Informáticos** que requieren ser analizados como totalidades, sin perder de vista las relaciones internas; y no son adecuadamente tratados por la teoría reduccionista. En este tipo de fenómenos no se les puede "conocer" ni "predecir" su comportamiento con el simple estudio de una de sus partes. Por ejemplo, en el proceso de definición de los requisitos de un software que ha de ser construido, es imposible determinarlos con la simple visión de un solo usuario. Es necesario tener en cuenta a todos los usuarios y clientes, y además las relaciones entre ellos y sus necesidades propias. Cuando analizamos fenómenos con estas características podemos caer en la imprudencia y generar conocimiento errado y/o fragmentado, originado la demanda de recursos adicionales para enmendar el error.

Si tomáramos como análisis la conducta de una persona en una población dada y nos da como resultado que siempre dicha persona respeta las señales de tránsito, ¿Sería válido afirmar que todos los habitantes de la población también respetan las señales de tránsito?

La gran desventaja de la teoría reduccionista es de generar **Oídos Especializados** de profesionales especialistas que presentan poca comunicación con otras disciplinas, producto de su saber tan particular. Entre más especializados sean estos oídos, menor será su participación en una conversación entre dos o más profesionales en distintas ramas al estudiar un mismo fenómeno. Esto sería el caso de una "conversación" entre un abogado y un astro físico sobre los hoyos de gusano.

EL ENFOQUE DE LA TEORÍA GENERAL DE SISTEMAS

Planteamientos de la Teoría General de Sistemas

Definición Preliminar de Sistema
Por el momento, se definirá **Sistema** como el conjunto de partes que interactúan entre sí para lograr un objetivo. Propios de esta definición serían: los equipos de fútbol cuyo objetivo es anotar más goles que su adversario; una nevera, cuyas partes se relacionan para mantener a una temperatura dentro

de la misma; y, el aparato digestivo humano cuyo objetivo es transformar en energía adecuada los alimentos que el hombre consume.

Metodología de la T.G.S.
La *Metodología de la T.G.S* se basa en el análisis de los fenómenos como totalidades constituidas por partes interactuantes entre sí (Sistemas). Igualmente pretende integrar en el análisis las partes del fenómeno con el fin de alcanzar una totalidad lógica, en donde, son de gran importancia las relaciones entre éstas. Por lo anterior, argumentamos que la T.G.S presenta una base metodológica contraria al enfoque reduccionista[1].

En la T.G.S. los objetos de estudio son y se tratan como Sistemas, y además pretende subsanar las desventajas de la teoría reduccionista, creando **Oídos Generalizados** y desarrollando un marco de referencia que contenga un lenguaje común y permita a dos o más especialistas de disciplinas diferentes analizar conjuntamente un fenómeno. Es decir, estos oídos generalizados serán capaces de "defenderse" en una comunicación de trabajo en equipo.

Con esto, la T.G.S. crea un *Nuevo Sistema*, constituidos por Oídos Generalizados (Partes) que se comunican (Interactúan) entre sí, para analizar un fenómeno (Objetivo). La situación anterior se refleja en el caso de un *Sistema de Trabajo* para la construcción de un Sistema de Información, en donde el Ingeniero de Software, los Ingenieros de otras disciplinas, administradores, etc. deben poseer los "protocolos" adecuados de comunicación en pro del desarrollo del Software.

Planteamientos de otros autores
Von Bertalanffy[2] define la T.G.S. como un área lógica - matemática cuya misión es la formulación y derivación de principios que son aplicables a los sistemas en general.

Para *West Churchman*[3] la T.G.S. es una manera de pensar sobre los sistemas y de sus componentes. Al estudiar un fenómeno se debe identificar primero el objetivo que se persigue y solo después su estructura.

Marcos de Referencia para el Estudio de la T.G.S

Para poder aplicar los conceptos fundamentales de la T.G.S en el análisis de los fenómenos se debe elegir uno de los marcos de referencia que se describen a continuación:

---

[1] Confrontar con Latorre,1996 y Johansen,1996
[2] Von Bertalanfy, 1978
[3] Churchman, 1973.

Primer Marco de Referencia

El **Primer Marco** de referencia consiste en construir un modelo teórico que represente a fenómenos generales que se encuentren en diferentes disciplinas. De hecho, busca en esencia reducir los sistemas concebibles a un número manejable. Por ejemplo, en todas las áreas del saber humano se encuentran poblaciones de individuos, la idea es generar un modelo que sea aplicable y válido en las diferentes disciplinas que tengan que ver con poblaciones.

Este primer marco de referencia presenta un objetivo de baja ambición pero con alto grado de confianza, al descubrir similitudes en las construcciones teóricas de las diferentes disciplinas del saber y al desarrollar métodos teóricos aplicables por lo menos a dos áreas de estudio.

Segundo Marco de Referencia

El **Segundo Marco** de referencia consiste en ordenar jerárquicamente las disciplinas del saber en relación con la complejidad organizacional de sus componentes en un nivel de abstracción apropiado. Este segundo marco de referencia, presenta un objetivo de alto grado de ambición y bajo de confianza, al desarrollar un conjunto de teorías interactuantes o _Sistema de Sistemas_ en áreas particulares del conocimiento humano, orientando la investigación a llenar vacíos existentes. En la Tabla 1 se describe este _Sistema de Sistemas_[1].

Tendencias de aplicación práctica de la T.G.S.

Entre las tendencias de aplicación práctica de la Teoría General de sistemas encontramos las siguientes disciplinas: Cibernética, La teoría de la Información, Teoría de Juegos, teoría de decisión, Ingeniería de Sistemas.

Cibernética

La **Cibernética**[2] es la ciencia que estudia las transferencias de información para el control y organización de los Sistemas. Para ello utiliza los principios de retroalimentación y homeóstasis[3]. El objeto de estudio de la Cibernética son los denominados **Sistemas Cibernéticos,** los cuales presentan partes que fomentan y administran el control y la organización dentro del mismo con el fin de mantener un equilibrio del Sistema.

El ejemplo típico es el Sistema Nervioso Central Humano, que al informar al cerebro que debe realizar un movimiento brusco de la mano derecha que se está quemando, actúa como un sistema cibernético, ya que con esta acción evita el desequilibro del sistema.

---

[1] Confrontar con la descripción realizada en Johansen, 1996
[2] Cibernética. Desarrollada por Norbert Weiner. Cybernetics. Cambridge Mass MIT Press. 1961
[3] Homeóstasis. Es la propiedad que presentan los Sistemas de mantenerse en equilibrio.

Tabla 1. Orden jerárquico de los Campos empíricos

Nivel	Ejemplos
Sistemas Estáticos: Corresponden a sistemas conceptuales o teóricos	Los Modelos Conceptuales Las leyes de Newton La Trigonometría
Sistemas Dinámicos Simples: Corresponden a sistemas no orgánicos que transforman algún tipo de energía	Sistema Solar Los Volcanes Las Corrientes Marinas
Sistemas Cibernéticos o de Control: Son Sistemas que ayudan a otros a cumplir sus objetivos.	El Termostato El Sistema Nervioso Humano
Los sistemas Dinámicos de 1° Orden: Sistemas con un primer grado de organización.	Las células Los Virus Las Bacterias
Los sistemas Dinámicos 2° Orden:	La Flora en General
Los sistemas Dinámicos 3° Orden:	La Fauna en General
Los sistemas Dinámicos 4° Orden:	El Hombre
Los sistemas Dinámicos 5° Orden:	Una Empresa Una familia
Los sistemas Dinámicos 6° Orden:	Lo absoluto

La Teoría de la Información (T.I.)

La **Teoría de la Información** es la ciencia que se encarga de estudiar el manejo que se le da a la información, como contribución a la organización y al cumplimiento de los objetivos de los sistemas. Si observamos el caso de un Sistema de Información Contable, el cual ha funcionado correctamente durante varios años, pero en un momento dado el gobierno ha decretado nuevas leyes que modifican las metodologías del pago de los impuestos, esta información debe ser manejada adecuadamente con el fin de mantener "vivo" al Sistema. De allí que todas las informaciones que afectan a un sistema deben ser tomadas en cuenta para generar nuevas informaciones y acciones que repercutan en la supervivencia del Sistema.

La Teoría de Juegos

La **Teoría de Juegos**[1] es la ciencia que mediante modelos matemáticos estudia las competencias o enfrentamientos entre varios Sistemas capaces de "razonar", en donde cada Sistema participante busca minimizar las pérdidas y maximizar las ganancias.

Entre los casos que estudia la Teoría de Juegos se encuentran: Los enfrentamientos deportivos, los proveedores de un producto en el mercado (como la Guerra de las Colas), las estrategias de dos caballeros al tratar de conquistar una dama y una persecución policíaca.

La Teoría de Decisión

La **Teoría de Decisión** es la ciencia que estudia los enfrentamientos entre varios sistemas, en donde algunos son capaces de "razonar" y otros incapaces de hacerlo, además, cada sistema participante capaz de "razonar" buscan tomar decisiones que optimicen los resultados (minimizar las pérdidas y maximizar las ganancias). Por ello, podemos concluir que, la teoría de Decisión es un caso particular de la Teoría de Juegos, en donde existen jugadores no racionales.

El ejemplo que descuella la teoría de decisión como participante no racional es la naturaleza. Entre los fenómenos que estudia la Teoría de Decisiones se encuentran: Los métodos de mitigar incendios forestales, el manejo de la oferta y demanda del mercado, y la predicción del tiempo atmosférico y de terremotos.

Ingeniería de Sistemas

Para Carlos Trujillo[2], la **Ingeniería de Sistemas** es una disciplina que tiene como objeto planificar, diseñar, evaluar y construir sistemas complejos utilizando la T.G.S. y la ingeniería, distinguiéndose de las otras ingeniarías en su carácter más Integral al estudiar la solución de problemas.

Para Johansen[3], la Ingeniería de Sistemas se refiere a la planificación, diseño, evaluación y construcción científica de sistemas hombre-máquina.

Para el autor, la Ingeniería de Sistemas está encargada de solucionar problemas, construyendo Sistemas de procesamiento automático de Información bajo el enfoque la Teoría General de sistemas utilizando recursos que proporciona la ingeniería.

---

[1] Desarrollada por Von Neuman y Morgenstein
[2] Trujillo, Carlos. Análisis de sistemas. Mimeografiando. Universidad del Valle Colombia.
[3] Johansen B., Oscar. Introducción a la teoría general de sistemas. Editorial Limusa. México. P 32

ENFOQUES DEL ARTE DE RESOLVER PROBLEMAS[1]

En esta sección de describirá dos enfoques utilizados en la Teoría general de Sistemas en la solución de problemas. En primera instancia, se describe un procedimiento formal en el cual todo gira en torno alrededor de la construcción de modelos, y el segundo, en torno de la creatividad. Pero antes que nada, definamos el concepto de problema:

¿Qué es un Problema?

Se define como **problema** la diferencia abstracta que se obtiene al comparar los objetivos con lo obtenido. Contextualizando en la T.G.S, podemos afirmar que Todo Sistema tiene Objetivos que cumplir, si su producto es diferente, conceptualmente a los objetivos, se dice que existe un problema. Esto es, por ejemplo, cuando en una empresa no se tiene la información justa y a tiempo, esto produce que no se puedan tomar las decisiones correctas ni prevenir contratiempos, ya que lo que se desea (objetivo) es tener toda la información posible y lo que se tiene es (obtenido) incertidumbre.

Primer Enfoque: Modelación de la Realidad

Este **Primer Enfoque** para resolver problemas describe una técnica que consta de las siguientes etapas: Identificación del problema, Decisión de abordar el problema, Modelaje de la Realidad, Utilización y trabajo con el modelo y pautas de acción, Decisión, Puesta en marcha, Operación y evaluación.

Etapa de identificación del Problema

En esta etapa se buscan qué objetivos del Sistema no se están cumpliendo, haciéndolo de manera clara resaltando su magnitud y características.

Por ejemplo: En una tienda de abarrotes un cliente solicita comprar una cierta cantidad de mercancía, la cual después de haberla pagado el tendero se da cuenta que no hay existencias. El problema aquí es que no existe un control de existencias de la mercancía.

Etapa de Decisión de abordar el Problema

En esta etapa se hace el análisis de viabilidad y se decide si "vale la pena" resolver el problema. Para tomar la decisión de resolver el problema es necesario realizar un estudio de viabilidad, el cual puede abarcar varios aspectos como lo son:

- **Económico.** Se trata de saber si se cuentan con los recursos necesarios para costear la solución del problema.
- **Tecnológica.** Se considera si existe la tecnología que ayudará a solucionar el problema.

---

[1] Ackoff, 1998

- **la operacional.** Es importante saber si la solución propuesta es aplicable, usada y aceptada.
- **Motivación a solucionar el Problema.** Es de vital importancia la disposición real a la solución del problema.

En el de que caso uno estos aspectos no sea factible se debe considerar seriamente no abordar la solución del problema.

Etapa de Modelación de la Realidad

La idea central de esta etapa es realizar un modelo del comportamiento del problema en sí, orientando al conocimiento de la realidad y a determinar los objetivos generales. Asimismo, realizar la descripción del Sistema, identificando su SuperSistema, sus subsistemas, jerarquía y relaciones.

Etapa de Utilización y trabajo con el modelo y pautas de acción

El modelo creado en la etapa anterior, es utilizado para conocer las opciones de funcionamiento, para poder así, definir alternativas de solución y la evaluación de las mismas.

Etapa de Decisión

En esta etapa un grupo de personas abordan las acciones a seguir. La decisión puede ser la de aceptar las propuestas dadas por el estudio.

Etapa de Puesta en Marcha

Consiste en planificar y organizar todas las actividades y tareas previstas en la propuesta aceptada en la etapa anterior.

Etapa de Operación y evaluación

Esta etapa se ocupa de que el sistema funcione u opere regularmente. Además, se verifica el cumplimiento de los objetivos trazados por intermedio de indicadores.

Segundo enfoque: la creatividad y las restricciones

En la vida actual, un profesional del área de la Teoría General de Sistemas, debe poseer una característica esencial que le permita superar obstáculos y no ser del montón. Esta característica es la creatividad. Muchos autores argumentan que la creatividad es innata y por ello no se pueden enseñar ni aprender. Lo cierto es que cada persona nace con algún grado de creatividad que debe ser desarrollado con un adiestramiento adecuado desde la temprana edad.

Porque aunque parezca mentira, la creatividad de una persona se mutila por el tipo de educación que recibimos desde la temprana edad, en donde, se les inculca a los estudiantes a "pensar" de acuerdo con los lineamientos de la escuela, la familia, el país, reprimiendo así los impulsos natos creativos. Al limitar la creatividad, se asegura que las instituciones y modelos no se derrumben. Así, las injusticias cometidas por la humanidad son justificadas por mantener conceptos que son la base de las instituciones.

En su época Galileo desarrollo mediante investigaciones, modelos matemáticos y observación, la teoría que la tierra giraba alrededor del sol, esto contradecía los argumentos "aceptados" en ese momento. Galileo usó su creatividad y resolvió un problema en forma diferente y correcta. Aceptar en esa época que Galileo tenía razón era sembrar la desconfianza de los creyentes que llevaría al establecimiento del desastre.

Podemos pensar entonces, que si a los niños a temprana edad se les coloca a cuestionar las instituciones, los dogmas y los paradigmas, es seguro que los cambios revolucionarios, innovadores y útiles se darían con mayor frecuencia, cuando éstos sean los hombres del momento. También es cierto que una misma manera de realizar las cosas frena la creatividad.

Por ejemplo, un profesor de matemáticas coloca en un examen un ejercicio que se puede realizar de 5 maneras diferentes, pero, exige que se deba realizar por el método que él sabe. La verdad sea dicha, este profesor solo está enseñando un conocimiento que él domina, además, no deja que los estudiantes desarrollen otras formas de resolver el ejercicio, limitando, primero el aprendizaje posible, y segundo, negándose a aprender él de sus alumnos.

Por otro lado, Cuando estamos reunidos un grupo de amigos y se dice un acertijo para resolverlo, muchos, si no lo sabíamos antes, no podemos resolverlo. Esto es producto que existe una restricción auto impuesta, por ejemplo, se tiene el siguiente acertijo: Como sacaría un anillo de oro de una taza de café utilizando nada más una mano, para que dicho anillo salga seco.

En realidad, las respuestas del grupo de amigos fueron desde tontas hasta ridículas. Todas giraban en torno a como hacer evaporar el agua del café. Lo cierto es que la solución al problema era simplemente sacar el anillo con una sola mano de la taza llena de café, ya que el café es un sólido y por tanto no es capaz de mojar. La restricción que se auto colocaron los amigos les limitó la creatividad aunque esta fuera tan sencilla de aplicar.

Podemos concluir, que la creatividad está limitada por restricciones auto impuestas, por tanto, para "obtener" creatividad se debe desarrollar una habilidad que permita identificar las restricciones auto impuestas y eliminarlas. Es claro que para resolver creativamente problemas no basta identificar las restricciones auto impuestas se necesita un impulso más fuerte.

FUNDAMENTOS DE SISTEMAS

Capítulo 2

DEFINICIONES BÁSICAS

Definición de Energía

Se define como **Energía** a los recursos materiales, financieros, humanos y a la información que es transformada por un sistema al tratar de cumplir sus objetivos. Por ejemplo, el sistema fábrica de Muebles toma la energía madera y la transforma en sillas.

El término Energía no se tomó arbitrariamente para designar a los insumos y productos que importan y exportan los Sistemas del SuperSistema respectivamente. La razón radica en que dichas energías cumplen la **Ley de la Conservación,** es decir, que la cantidad de energía que pertenece al Sistema es igual a la suma importada menos la suma de la energía exportada.

Pero, existe una Energía que no cumple con la Ley Universal de Conservación, esta es la **Información**. Es decir, la información que pertenece a un Sistema NO es la diferencia entre la que entra menos la que sale; si esto sucediera, al dictar mi clase de Teoría General de Sistemas, los conocimientos que imparto a mis estudiantes necesariamente tendría que olvidarlos, y en realidad, lo que ocurre es totalmente lo contrario. Esto es, al impartir mis conocimientos, mis estudiantes "almacenan" esta información, y yo, de ellos, puedo adquirir más informaciones, aumentando así mis conocimientos.

La gran importancia de la Información en la T.G.S. es este comportamiento peculiar al cual denominaremos **Ley de los Incrementos**[1], que sostiene que la cantidad de información que pertenece al Sistema es igual a la información que ya existe más la que entra, de allí se concluye que un Sistema nunca elimina información. Por lo cual podemos concluir que, esta es la razón que no se puede estudiar a los sistemas informáticos con la teoría reduccionista.

Definición de Sistema

En el capítulo anterior se definió **Sistema** como el conjunto de partes que interactúan entre sí para lograr un objetivo, ahora, nutriremos esa definición:

---

[1] Ibid

Un Sistema es un conjunto de subsistemas (Sistemas más pequeños) que intercambian energía con el fin de transformarla (cumplir un objetivo).

Consideremos el sistema familia. El cual entre otras partes está constituido por los padres y los hijos, los cuales a su vez son también sistemas independientes. Por otro lado, un fenómeno cualquiera es considerado como sistema cuando sus partes constituyentes interactúan entre sí y cada una de ellas son también sistemas.

Para Javier Aracil[1], un sistema es un conjunto de partes relacionadas, interdependientes operativamente, del cual interesa considerar fundamentalmente su conducta global.

Definición de MegaSistema

Se define como **MegaSistema** o **Sistema Universal** al sistema que contiene a todos los sistemas existentes en el universo. En palabras simples, todos los sistemas que el hombre conoce, crea y desconoce están interactuando entre sí para conformar este gran sistema de referencia.

Definición de SuperSistema

El **SuperSistema** de un Sistema es aquel sistema (conjunto de sistemas) del MegaSistema conformado por todos los sistemas con quien se relaciona éste. Por ejemplo, en el SuperSistema de un Programa Informático se incluirían los usuarios, el computador, el sistema operativo, etc.

El SuperSistema de un sistema es más que todo el **Sistema Unión** de todos los sistemas del MegaSistema que lo contienen. Es decir, todos los sistemas a los cuales hace parte están incluidos en el SuperSistema.

Para identificar el SuperSistema de un sistema se tienen en cuenta todos los sistemas con los cuales se relaciona. Como cada sistema se relaciona con diferentes sistemas de MegaSistema, existirá para cada sistema un SuperSistema diferente, por ende cada SuperSistema es particular. Además, el SuperSistema puede cambiar con el tiempo, basta que el sistema deje o empiece a relacionarse con algún otro sistema para que se modifique.

A pesar que el SuperSistema es particular y mutante, todos poseen las mismas características básicas de los sistemas (que se analizan más adelante) que lo hacen aplicable la Teoría General de Sistemas.

---

[1] Aracil, 1996

Definición de SubSistema

Se define como **SubSistema** a todos aquellos sistemas que conforman la totalidad (o sistema) de estudio. Los subsistemas se clasifican, según la importancia de la relación con el objeto de estudio, en relevantes y no relevantes. Los primeros, denominados **subsistemas Propios**, son los que participan activamente en la consecución de los objetivos del sistema, y los segundos son tratados simplemente como partes constituyentes. Resulta algo difícil determinar si una parte de un Sistema es un subsistema Propio, por ello se sugiere verificar el cumplimiento de alguna de las siguientes reglas[1]:

- **La Función de Producción.** Que consiste en Transformar energía o prestar un servicio. Presenta un objetivo relacionado con la eficiencia técnica.
- **Las Funciones de Apoyo**. Que consiste en proveer materia prima para ser transformada. Por ejemplo, los departamentos de Relaciones Públicas y Mercadeo de una empresa
- **Las Funciones de Mantenimiento**. Su objetivo radica en mantener las partes del Sistema dentro de él.
- **Las Funciones de Adaptación.** Su objetivo es realizar los cambios necesarios para que el Sistema pueda sobrevivir en el medio. Por ejemplo, los estudios de factibilidades, la Reingeniería, los procesos de calidad total, el control de pérdidas, estudios de mercados, etc.
- **Las Funciones de Dirección.** Que consiste en Coordinar y planificar las actividades y procesos de los restantes subsistemas, además, realiza la toma de decisiones.

ELEMENTOS DE UN SISTEMA

Los **Elementos de un Sistema** son todas aquellas características relevantes que ayudan a realizar un mejor análisis a un sistema en estudio. Los elementos más importantes de un Sistema son[2]:

- Objetivos
- Sinergia
- Recursividad
- Las Corrientes de Entrada.
- El Proceso de Conversión.
- Las Corrientes de Salida.
- La comunicación de retroalimentación (Elemento de Control).
- Fronteras
- Entorno

---

[1] Johansen, 1996
[2] Confrontar con Ibid

Objetivos

Los **Objetivos de un sistema** son las razones por las cuales existe, sin Objetivos no existe el sistema. Todos los sistemas presentan objetivos que consisten en transformar energía y solo se diferencian entre sí en "qué" transforman dicha energía.

De hecho, podemos considerar que el objetivo **Genérico** de un Sistema es transformar Energías en otras. Por ejemplo, un Sistema de Información transforma datos (Energía) en informaciones para la toma de decisiones (Energía Transformada), mientras una plancha transforma la corriente eléctrica (Energía) en calor (Energía Transformada).

Teniendo en cuenta que todo sistema genera una Energía transformada o Producto, los Objetivos representan el producto ideal que todo sistema debe generar. Los Sistemas pueden presentar objetivos Generales y Específicos, en donde la unión de los Específicos forman a los Generales.

Sinergia

Se denomina **Sinergia** al conjunto de relaciones o interacciones entre las partes de un sistema. De igual forma, Sinergia es el intercambio de energía entre varios sistemas. Ella describe la forma cómo se transforma la energía los subsistemas para cumplir los objetivos. La sinergia describe y determina la presencia de relaciones entre las partes que conforman a un sistema. El concepto fundamental de la Sinergia radica en diferenciar la sumatoria de sus partes (subsistemas) del todo (sistema). Por ejemplo, si colocáramos en un recipiente una cierta cantidad de agua, carbono, hierro y demás sustancias que conforman al sistema humano, de esta mezcla no sale caminando ni tampoco realizando actividades propias de la humanidad.

De hecho, dos o más sistemas pueden estar conformados por las mismas partes y sin embargo ser diferentes por medio de la sinergia. Un caso de esta situación se presenta al comparar a un ser humano con un perro, evidentemente, guardando medidas y proporciones, los dos sistemas presentan los mismos componentes orgánicos y sin embargo son sistemas completamente diferentes; la discrepancia radica en que las partes constituyentes se relacionan (intercambiando energía) de diferente manera.Otro caso que representa la importancia de la Sinergia es: Dos empresas dedicadas a la construcción de software, las cuales presentan la misma estructura organizacional y personal, pero vemos que una presenta mejores resultados que la otra y eso es debido a que la Sinergia referencia niveles organizativos, así que una sinergia adecuada provoca mejores resultados. Podemos concluir que la Sinergia representa la organización de los Sistemas.

Finalmente, al no poderse explicar un sistema (que presenta sinergia) a partir del análisis de uno de sus elementos constituyentes, es inaplicable aquí la teoría reduccionista, de allí radica la utilidad de la T.G.S., ya que proporciona el método que ayuda a la comprensión del sistema estudiado.

Recursividad

Se le denomina **Recursividad** a la característica que tienen los sistemas de estar compuestos por elementos (Subsistemas) que a su vez son, se comportan y se estudian como sistemas. La recursividad provee a los subsistemas la característica de ser elementos independientes, pero a su vez heredan las propiedades y principios que aplicables a los Sistemas.

Finalmente, la recursividad en los sistemas expresa grados de complejidad y jerarquía. Así, el ser humano lo constituye, entre otras partes, el Sistema Nervioso Central Humano, que a su vez presenta como SubSistema a las Neuronas que también son sistemas.

Consecuentemente, podemos nuevamente definir a los Sistemas como el conjunto de partes que poseen las características de Sinergia y Recursividad.

Las Corrientes de Entrada

Las **Corrientes de Entrada**[1] son todas las energías que se importan del Super-Sistema. Las Corrientes de Entrada son los insumos o materia prima que el sistema necesita para cumplir sus objetivos. En la figura 1 se describen las Corrientes de Entrada de un Sistema. Las energías que conforman las Corrientes de Entrada son los productos de los sistemas del Super-sistema con los cuales se relaciona el sistema que se está estudiando. Por otro lado, los sistemas reciben, a través de las Corrientes de Entrada, las energías necesarias y apropiadas del Super-sistema, indispensables para su funcionamiento.

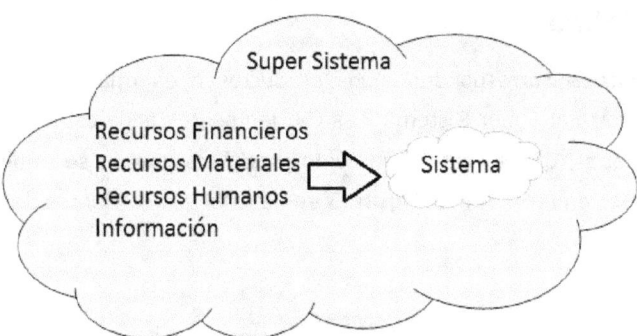

Figura 1. Corrientes de Entrada

La dependencia extrema de un sistema a sus Corrientes de Entrada le genera grandes restricciones y en algunos casos, cuando existe escasez de energía, pone en peligro su subsistencia. Es por ello, que existen algunos sistemas que luchan insistentemente por un mayor acceso y control sobre sus fuentes

---

[1] Confrontar con Ibid, Churchman, 1973 y Latorre, 1996

de energía. Como ejemplo tendríamos a las plantas, que al ser privadas de la luz solar (colocada bajo la sombra de una edificación) pueden alargar sus ramas hasta que las hojas puedan accederla, y lo hacen porque sin ella no podrían realizar sus tareas fundamentales.

El proceso de Conversión

Las Energías que se suministran desde el SuperSistema por intermedio de las Corrientes de entrada son transformadas de manera tal que el sistema pueda lograr sus objetivos. En la **Figura 2** se describe el proceso de conversión. Todo subsistema de un sistema transforma la energía que se le provee, a esto lo denominaremos **conversión parcial** de la energía. Al final, estas conversiones parciales serán trasformadas por Subsistemas especiales con el fin de refinarlas y completar la conversión de la energía importada.

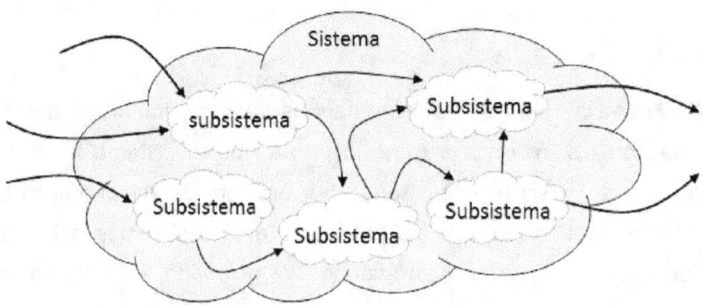

Figura 2. Proceso de Conversión en un Sistema

Corrientes de Salida

Las **Corrientes de Salida** corresponden a los productos o energías transformadas, las cuales el sistema en estudio exporta al Super-Sistema. Las Corrientes de Salida están constituidas por una serie de energías transformadas, que se catalogan como **positivas** porque son útiles al Super-Sistema, o **negativas** porque no le son útiles. En la **Figura 3** se describe las corrientes de salida.

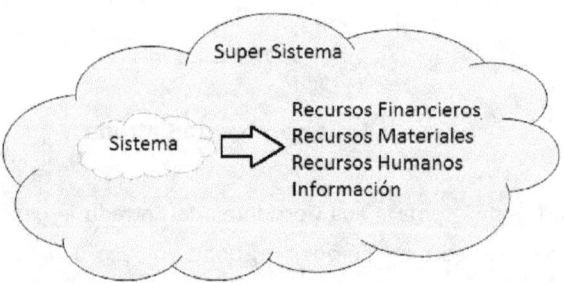

Figura 3. Corrientes de Salida

Pero quienes deciden si las energías importadas desde las Corrientes de Salida son Positivas o Negativas, son los sistemas que las importaron. Es decir, las Corrientes de Salida de un Sistema en particular "A" pueden ser positivas para un Sistema "B", pero, negativas para un Sistema "C".

Por ejemplo: En una familia existe un miembro que fuma todo el día dentro de la casa; tres familiares que también fuman no les molesta el humo de nicotina que esparce por toda la vivienda, pero, existe una persona de esta familia que no le gusta fumar y por tanto, tampoco respirar ese aire contaminado de segunda mano. Para los tres familiares que también fuman la corriente de salida "humo de cigarrillo" es positiva, pero para el que no fuma se constituye en un hecho o estímulo negativo.

Con lo anteriormente expuesto, podemos decir que las corrientes de salida de un Sistema son evaluadas por los demás Sistemas que pertenecen al SuperSistema, en muchos casos bajo la óptica de sus intereses particulares y a costa de su propia legalización.

La Comunicación de Retroalimentación

La **Comunicación de Retroalimentación** es la Información que entra al Sistema que nos permite saber si dicho Sistema está cumpliendo con sus objetivos. Esta información se obtiene utilizando un procedimiento que consiste en comparar las Corrientes de Salida con patrones que cuantifican los objetivos del sistema; adicionalmente la diferencia encontrada indica las acciones correctivas a realizar. En la **Figura 4** se describe la comunicación de retroalimentación.

Se concluye, que la Comunicación de la Retroalimentación es la **información**, producto del análisis de las Corrientes de Salida, que es introducida al Sistema con el fin de realizar los ajustes necesarios para cumplir los objetivos.

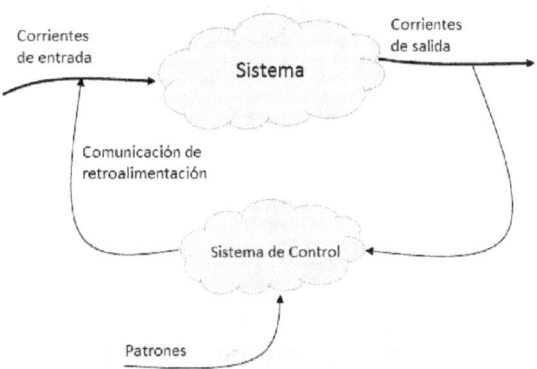

Figura 4. Comunicación de Retroalimentación

Existen dos tipos de Retroalimentación: **Positiva**, cuando los ajustes refuerzan el impulso inicial, y **Negativa**, que atenúa el esfuerzo inicial. La Retroalimentación Positiva se utiliza cuando los objetivos del sistema tienden al infinito (+ o -). En cambio la Retroalimentación Negativa se utiliza cuando los objetivos del sistema son precisos.

Las Fronteras del Sistema

Las **Fronteras del Sistema** definen qué Sistemas del SuperSistema le pertenecen y cuales no. También las fronteras definen la estructura del Sistema. Existen 2 tipos de Fronteras de los Sistemas: Frontera Física y Frontera Funcional

La **Frontera Física** es aquella que delimita un espacio geográfico o espacial en el que interactúa el Sistema. Por Ejemplo, los límites de una ciudad y la piel Humana.

La **Frontera Funcional** expresa límites con relación a la realización de actividades. Por Ejemplo, una Empresa de Transportes por carretera expedirá tiquetes y turnos para sus vehículos, pero no diseñará ropa de hombres.

Entorno de un Sistema

El **Entorno de un Sistema** contiene todas las partes y Sistemas del SuperSistema que no pertenecen al Sistema en estudio. Por regla general, el entorno condiciona al Sistema y los cambios que se produzcan en él, determinan el comportamiento del Sistema de manera significativa.

La definición e identificación de su entorno está ligado con el Objetivo del Sistema, y con el punto de referencia de las personas que lo estudian. En la **Figura 5**, se describe gráficamente el concepto de entorno de un Sistema.

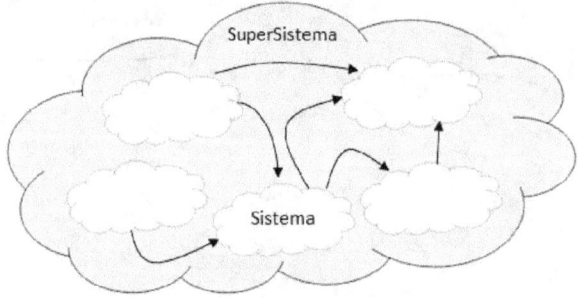

Figura 5. Entorno de un Sistema

Entorno Activo
El **Entorno Activo** de un Sistema lo constituyen todos los sistemas que pertenecen al Supersistema, que le proveen de energía. Es decir, son todos los sistemas que se relacionan con el sistema por intermedio de sus Corrientes de Entrada.

Entorno Pasivo

El ***Entorno Pasivo*** de un Sistema son todos los sistemas que pertenecen al SuperSistema los cuales importan las energías de las Corrientes de Salida de dicho sistema. En la **Figura 6** se describen los dos tipos de entorno que tiene un Sistema.

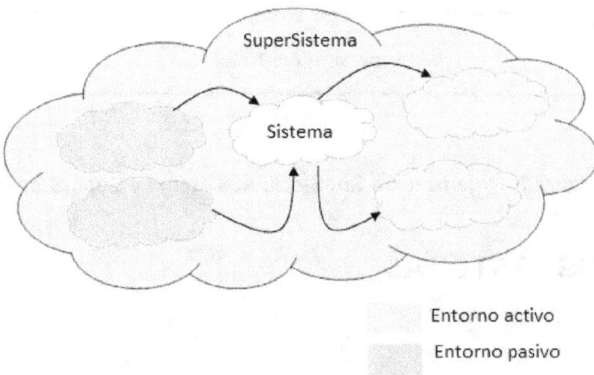

Figura 6. Tipos de Entorno de un Sistema.

NIVELES DE ORGANIZACIÓN DE LOS SISTEMAS

Partiendo del concepto de Sinergia propio de los Sistemas, se presenta la idea de organización en estructura Subsistema- Sistema- Supersistema[1]. De hecho, cuando avanzamos de un Subsistema a un Sistema como objeto de estudio, se ha pasado a un nivel mayor de organización; y a su vez, al pasar de un Sistema a un Supersistema, se ha pasado a un nivel mucho mayor de organización con relación al Subsistema. Al avanzar en el análisis de un objeto de estudio, desde un Subsistema a un Sistema y luego a un Supersistema, la complejidad del objeto de estudio es mayor, así como comprensión de su conducta.

Al Avanzar en forma contraria (enfoque reduccionista)

Supersistema –> Sistema -> Subsistema

La información del todo es menor.

En la Figura 7 se describe la relación Comprensión, complejidad, organización del todo vs Avanzar en el estudio de un SuperSistema a un sistema y luego a un SubSistema:

---

[1] Confrontar con lo expuesto en Churchman, 1973

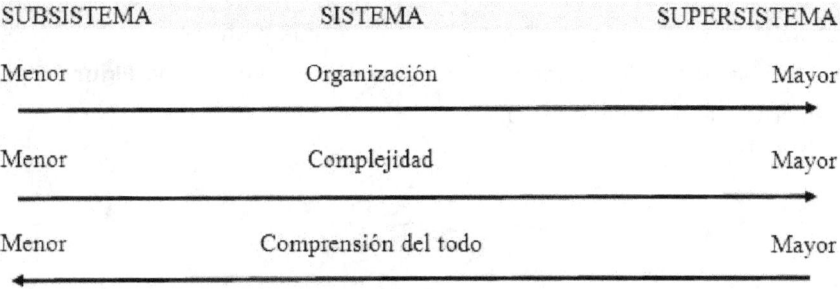

Figura 7. Organización SubSistema, Sistema y SuperSistema

ENTROPÍA EN LOS SISTEMAS

Entropía

Se define por **Entropía** a la Energía que al entrar en un sistema le provoca un continuo cambio organizacional, reflejado en pasar de un estado más organizado a uno menos organizado, o lo que es lo mismo, pasar, poco a poco, de un estado menos probable (Organización) a su estado más probable en la naturaleza (caos).

Es evidente que si dejamos por un largo tiempo una casa sola, cuando la visitemos nuevamente, la encontraríamos "cayéndose", o si por lo menos, dejamos a la intemperie una cantidad de ladrillos, con el tiempo observamos que se están deshaciendo. Lo anterior es la manifestación de que la Entropía conduce a los sistemas a su estado organizacional más probable: La completa desorganización.

Toda energía que importa el sistema, que le genere en sus partes constituyentes o en las relaciones de éstas, caos y desinformación se considera Entropía. Por ejemplo, una persona que todos los días desayuna café con ron, llegará el momento en que presente enfermedades del hígado y en el Sistema Nervioso Central, ya que el ron y el café son entropía y estos son generadores de desorden y desorganización. La Entropía da origen a las enfermedades del Sistema y con ellas lo lleva a la muerte. No es un secreto que la mejor manera de destruir un Sistema es desorganizándolo.

La Entropía tiene como *función* la de destruir al Sistema y por ello es nuestra mayor preocupación. Así, el Sistema Ser Humano presenta a lo largo de su vida un deterioro físico y organizacional que en algún momento le llevará a la muerte.

Las enfermedades que presentamos los seres humanos son producto de la Entropía que se acumula en nosotros. La Entropía produce un Cáncer que mina poco a poco a los Sistemas, y lo más grave es que esta "enfermedad" o tendencia a la distorsión la presentan todos los Sistemas.

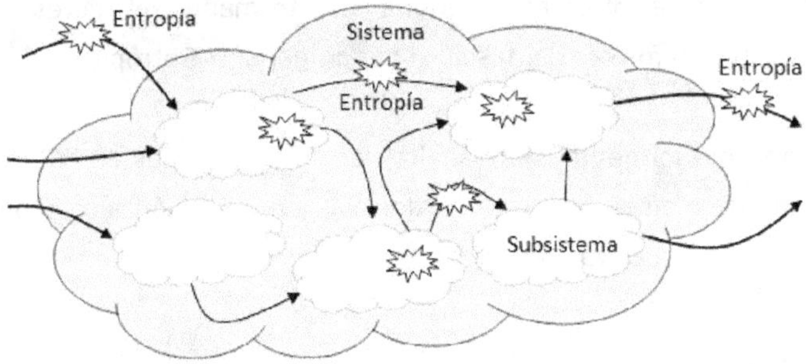

Figura 8. La Entropía en los Sistemas.

Los efectos caóticos y de desorganización que produce la Entropía son acumulativos, empezando en un nivel del 0% al nacer y del 100% al morir. La muerte de un Sistema se cataloga como el **Nivel Máximo de Entropía** y el nacimiento como su nivel mínimo.

Hay que tener en cuenta que la Entropía siempre trata, por más que queramos evitarlo, de desorganizar, desinformar y crear caos en los Sistemas. Es por ello que siempre se debe tener en cuenta cuando analizamos a un Sistema.

Entropía Negativa

La **Entropía Negativa** es la energía que al entrar a un sistema fomenta el mejoramiento de la organización de sus partes constituyentes, atacando la desinformación y el caos. La función principal de la Entropía Negativa es la de mantener niveles bajos de Entropía en los sistemas, con ello le "alarga" la existencia. Aunque sea imposible eliminar por completo los efectos de la Entropía, la idea de mantener niveles bajos de Entropía asegura que el sistema opere a un 99%.

Así como la Entropía es la energía encargada de destruir los sistemas, la Entropía Negativa es la energía que hace posible el nacimiento de los sistemas. Al morir un sistema, esto es, sus subsistemas constituyentes ya no interactúan en busca de un objetivo, en un tiempo no infinito, se crea lo que se denomina **AntiSistema.**

Este AntiSistema está conformado por SubAntiSistemas hasta cierto nivel jerárquico, de allí hacia abajo, los SubAntiSistemas están formados por subsistemas capaces de interactuar con otros subsistemas pertenecientes al SuperSistema quedando en libertad para formar nuevos Sistemas

Por otro lado, sabemos que a algún nivel de Entropía y sus efectos estará siempre en los Sistemas. Un sistema que la contrarreste con la Entropía Negativa, le será de gran ayuda para lograr sus objetivos. Las energías que tienen funciones organizadoras, de orden y de informar son Entropía Negativa, que impiden la muerte "prematura" de cualquier Sistema. La función de Informar inherente en la Entropía Negativa nos hace pensar que la Información es una "fuente manantial" de este tipo de Energía, pero hay que tener en cuenta que "informar demasiado" puede generar Entropía.

Con base en lo expuesto anteriormente, si se analiza las características de la Información, se concluye que es una energía que busca en su esencia el orden y la organización. Por ello se deduce la igualdad matemática entre la Entropía Negativa y la Información.

Niveles de Entrada de la Entropía

Tanto la Entropía como la Entropía Negativa son introducidas a los Sistemas por intermedio de las energías constituyentes de las Corrientes de Entrada, y a su vez el sistema las envía a su SuperSistema por intermedio de las Corrientes de Salida.

En las Corrientes de Entrada existe un porcentaje de Entropía y otro de Entropía Negativa, los dos suman el 100%. El porcentaje mínimo que entra a un Sistema de Entropía nunca es cero, ya que toda energía por ley natural lleva un elemento desorganizador, por ello este nivel mínimo está muy cercano a cero pero nunca es cero.

Por otro lado, el máximo porcentaje de Entropía que entra a un Sistema naturalmente es el 100%. Para describir el intervalo de niveles se usará por comodidad una escala porcentual entera positiva, de allí que decimos que el intervalo que representa la Cantidad de Entropía que entra a un sistema es [1%-100%]. Partiendo del intervalo anterior concluimos que el intervalo que representa la cantidad de Entropía Negativa que entra a un sistema es [0%-99%]

ADMINISTRACIÓN DE SISTEMAS

Identificación de los Objetivos del Sistema

Anteriormente se definió lo que eran los Objetivos del Sistema, ahora, se analiza una metodología para su correcta identificación. No es fácil determinar cual es el objetivo de un Sistema, ya que no existe una metodología estándar para identificarlos. Pero, se sugiere la siguiente:

Se selecciona, en primer lugar, una gama de posibles objetivos que cumpliría el sistema al cual analizamos, teniendo presente las energías de las corrientes de salida. Esta gama de objetivos los llamaremos **Objetivos Candidatos**.

En segundo lugar, se toman uno por uno los Objetivos Candidatos y se analiza si el sistema sacrifica los otros para cumplir este objetivo, en caso positivo, dicho candidato es un objetivo del sistema.[1] Por ejemplo, se tiene un Sistema de Información Contable, del cual se definieron los siguientes Objetivos Candidatos:

- Conexión a Internet
- Prestar soporte de acceso al disco
- Mantener la contabilidad al día.
- Enviar reportes a los Proveedores.

Es claro que el sistema sacrificaría todos los demás Objetivos Candidatos por "Mantener la Contabilidad al día"

El Objetivo de un Sistema representa la sumatoria de los objetivos de los subsistemas que lo conforman. De hecho, la metodología explicada aquí es válida para todo sistema incluyendo desde el MegaSistema, pasando por el SuperSistema y los subsistemas.

Administración del Sistema

La **Administración del Sistema** se encarga a nivel *Macro* de verificar el cumplimiento de los objetivos del Sistema; Y a nivel *Micro* de verificar y hacer seguimiento del cumplimiento de los objetivos de cada uno de los subsistemas del Sistema, con el fin de aplicar los correctivos necesarios cuando y donde sea necesario. Estas funciones están reservadas a subsistemas especiales que denominaremos **subsistemas de Administración.**

Los subsistemas de Administración son los encargados de definir los objetivos de los demás subsistemas, así como suministrar recursos, organizar y controlar los comportamientos del sistema. Un ejemplo de SubSistema de Administración típico es el SubSistema Cerebro en el Sistema Ser Humano. Otras funciones de los subsistemas de Administración son: la generación de planes, utilización de los recursos, control del logro de objetivos parciales y totales, y la legalización del sistema.

Auto Aprendizaje de Sistemas

Un Sistema presenta **Auto Aprendizaje** cuando los subsistemas de Administración son capaces de generar cambios en la forma como se realizan las tareas con el fin de adaptarse mejor su entorno, basado en la experiencia ocurrida.

---

[1] Latorre, 1996

Un Software de Inteligencia Artificial genera cambios de "conducta" cuanto más sea su uso. Por ejemplo, un Software Inteligente de Seguridad muchas veces es probado con delincuentes reales con el fin de que Auto Aprenda a partir de enfrentamientos reales con oponentes humanos.

Auto Organización

Un Sistema presenta **Auto Organización** cuando los subsistemas de Administración son capaces de modificar la estructura de la organización en forma progresiva, con el fin de obtener sus objetivos. Por ejemplo, decimos que el Sistema Fábrica de Zapatos se Auto Organiza cuando implementa en su funcionamiento controles de calidad.

Legalización del Sistema

La **Legalización de un Sistema** es la "Visa" que le permite importar y exportar energía al SuperSistema. Todo Sistema posee un **Nivel de Legalización** el cual influye en la cantidad y tipo de energía puede importar y exportar al SuperSistema.

La Legalización del Sistema es su vida en el SuperSistema. Los niveles bajos de Legalización indican que el sistema no posee la capacidad o no se le permite importar las energías adecuadas para lograr sus objetivos, lo cual representa su degeneración progresiva.

Un caso típico de la legalización, es un Software "x" que no es amigable para el usuario. El ingeniero de Software se resiste a modificarlo, argumentando razones que él cree convenientes. En consecuencia las personas que deberían usarlo no lo hacen, de allí, los datos que no se introducen no son procesados y a la larga la falta de uso termina con la "vida" el Software "x".

Para aumentar el Nivel de Legalización, un Sistema debe utilizar su administración para modificar su estructura, es decir, su administración debe fomentar, dirigir y verificar la Auto organización, además, debe crear y aplicar su normalización de procesos para llegar a un Auto Control, adicionalmente debe generar la suficiente libertad en el SuperSistema como para poseer autonomía.

El Nivel de Legalización de un Sistema se considera como el grado de relación e interacción con su SuperSistema, lo cual nos lleva a determinar que el Nivel de Legalización no es más que el grado se Sinergia del Sistema en relación con su SuperSistema

CONTROL DE SISTEMAS

Todo Sistema debe vigilar el cumplimiento de sus objetivos, para estos es importante desarrollar la capacidad de adaptación en su SuperSistema. Para adaptarse, un sistema debe auditar su "conducta" en relación con las exigencias propias de los Sistemas que interactúan con él.[1]

Lo que aquí llamamos conducta del sistema no es más que producir lo que el SuperSistema necesita que él produzca. Se debe tener en cuenta que todo sistema pertenece a un sistema mayor, que a su vez, necesita que todos sus sistemas conviertan adecuadamente la energía suministrada.

Como ejemplo, se tiene una institución educativa en la cual se pretende fomentar el valor de la ética y de la moral; todos los docentes que pertenecen a ella deben educar con el ejemplo, comportándose con adecuada ética y moral al impartir sus clases.

En el proceso de Control, los sistemas deben reinformarse comparando su objetivo con lo producido, y realizar los ajustes necesarios con el fin de reducir al máximo la diferencia a términos razonables.

Índices del Control de Sistemas

En el control de un sistema es necesario tener parámetros que indiquen en un determinado momento si el sistema está cumpliendo con su misión, por ello describen tres (3) indicativos, que denominamos la *EEE: Efectividad, Eficacia* y *Eficiencia*.

La *Efectividad* de un Sistema mide el logro de sus Objetivos específicos. Es decir, la Efectividad mide la diferencia entre el producto del sistema con sus objetivos específicos, entre mayor sea esta diferencia menos efectivo es el sistema. Si analizamos el Sistema Almacén de Zapatos presenta un objetivo específico de vender por mes un volumen del 40% del inventario y solo vende el 5%, encontramos que este Sistema no es Efectivo. Pero, si por el contrario el volumen de venta es del 37%, necesariamente concluimos que el sistema es Efectivo.

La *Eficacia* de un Sistema mide el logro de sus Objetivos Generales. Es decir, la Eficacia mide la diferencia entre el producto del sistema con sus objetivos Generales, entre mayor sea esta diferencia menos eficaz es el sistema. Si analizamos nuevamente el Sistema Almacén de Zapatos presenta un objetivo general de aumentar las ventas en un 50% y solo logra el 1%, encontramos que este Sistema no es Eficaz. Si el aumento está muy cerca o es superior a 50% definitivamente es Eficaz.

La *Eficiencia* de un Sistema mide el logro de sus Objetivos teniendo en cuenta que recursos y que *Costos* se emplearon para lograrlo. La idea es lograr los objetivos en base a los costos mínimos o en su defecto en "Costos Razonables". Cuando analizamos un sistema que logra sus objetivos utilizando gran

---

[1] Confrontar lo expuesto con Johansen, 1996

cantidad de sus recursos quedando mal trecho y vulnerable, lo cual influye que no siga operando adecuadamente, concluimos de inmediato que no es un sistema eficiente.

La Retroalimentación y el Control de Sistemas

Con la Retroalimentación Negativa, los Sistemas tienden a permanecer en equilibrio. Esta característica es propicia para efectuar un control adecuado de los Sistemas. Con la Retroalimentación Positiva el control es imposible, ya que los parámetros cambian continuamente, además, siempre tiende a eliminar los efectos de toda planificación.

Así, un estudiante que en su primera nota obtiene una calificación de 4.0 sobre 5.0, como ésta es mayor que la nota mínima requerida (3.0), entonces se colocaría como meta el obtener una nota, para el próximo examen, de 2.0 cómo mínimo. Sin embargo, el estudiante no estudia mucho y en su segundo examen obtiene una calificación de 1.0. Luego, ahora su meta es obtener una calificación de 4.0 para ganar la materia. Se observa en este caso, que el objetivo siempre cambia a medida que realiza un nuevo examen, esto lo lleva a una desinformación, además de un total descontrol.

Con la Retroalimentación Negativa el mismo estudiante se fijaría un objetivo de obtener cómo mínimo una calificación de 4.0 en cada examen, y si obtiene más o menos, su estudio siempre tendría un mismo nivel de aprendizaje. Encontramos en este caso una menor variación del nivel de interés y estudio del estudiante.

Subsistemas de Control

Los **Subsistemas de Control**[1], son las partes del sistema que se encargan de controlar al sistema. Las partes que Constituyen un SubSistema de Control son:

- Objetivo a Controlar
- Subsistemas de Sensibilidad
- Subsistemas Motores
- Recursos de Energía
- Canal de Retroalimentación

Objetivo a Controlar
El **Objetivo a Controlar,** como su nombre lo indica, es uno de los objetivos del sistema que necesita control. Aplica lo ya estudiado referente a la identificación de los objetivos.

---

[1] Ibid

Subsistemas de Sensibilidad

Los **Subsistemas de Sensibilidad** son los subsistemas del sistema encargados, en primer lugar, de medir los cambios suscitados en el producto del sistema, y en segundo término, realizar la comparación con los patrones.

Subsistemas Motores

Los **Subsistemas Motores** son los subsistemas encargados de planificar, gestionar y procesar las acciones correctivas.

Recursos de Energía

Los **Recursos de Energía** son todas aquellas energías que necesitan ser importadas por los subsistemas Motores para realizar las correcciones pertinentes.

Canal de Retroalimentación

El **Canal de Retroalimentación** es el proceso de comunicación entre los subsistemas de Sensibilidad y los subsistemas Motores, que transporta las informaciones correctivas.

Ejemplo: Consideremos el Sistema conformado por Hombre – Radio y analicemos un posible SubSistema de Control.

Solución

- **Objetivo a Controlar.** Calidad del sonido que produce el radio. Lo cual puede ser producto de una mala sintonización de una emisora, estática (no hay una emisora en el "dial"), daño en el radio.
- **Subsistemas de Sensibilidad.** Es el Sistema auditivo del ser humano.
- **Subsistemas Motores.** En todos los casos los medios motores son el Sistema Muscular del ser humano, y en el caso de las reparaciones por daños, las herramientas propias radiotécnicas.
- **Recursos de Energía.** Son las fuentes naturales de locomoción del ser humano, energía eléctrica, pilas, etc.
- **Canal Retroalimentación.** El canal de comunicación es el aire, utilizando concretamente su característica de propagación del sonido.

Ejemplo: Ahora, se considera el Sistema Termostato y estudiamos un posible SubSistema de Control.

Solución.

- **Objetivo a Controlar.** La temperatura de una habitación.
- **SubSistemas de Sensibilidad.** Termómetros de alta sensibilidad.

- **SubSistemas Motores**. El Sistema de Switcheo, el Sistema de Enfriamiento, el sistema de apagado automático.
- **Recursos de Energía**. Energía eléctrica.
- **Canal de Retroalimentación**. Las moléculas de la habitación. El aire de la habitación.

DINÁMICA DE SISTEMAS

Capítulo 3

CONCEPTOS BÁSICOS

¿Qué es la Dinámica de Sistemas?

La **Dinámica de Sistemas** se encarga del estudio del comportamiento y evolución de los sistemas por intermedio de Modelos y Simulaciones. La Dinámica de Sistemas crea un Modelo abstracto o conceptual a partir del cual se analiza el comportamiento dinámico del sistema real, a este modelo se le denomina Sistema Dinámico.

Sistema Dinámico

Un **Sistema Dinámico** es el Sistema conceptual o modelo en el cual se encuentran formalizadas las partes y relaciones de un Sistema al cual se le pretende estudiar su comportamiento dinámico. Es decir, los Sistemas Dinámicos son *Sistemas de Modelaje* cuya función principal es describir su comportamiento dinámico a través del tiempo, sobre la base de las relaciones existentes entre sus subsistemas constituyentes y con el SuperSistema. Con ello, en los Sistemas Dinámicos se tienen en cuenta tanto los subsistemas que conforman el sistema en estudio, como los sistemas de su SuperSistema con los cuales se relaciona. Los primeros son llamados subsistemas **Endógenos** y los segundos **Exógenos.**[1]

Los Sistemas Dinámicos pertenecen a la categoría jerárquica de los **Sistemas Estáticos,** al ser sistemas conceptuales cuyo objetivo es la descripción y predicción de los procesos de importación, transformación y exportación de la energía que entra al sistema de estudio.

Diagramas Sinérgicos o de Influencias

Los **Diagramas Sinérgicos o de Influencias** son en los cuales los nombres de los subsistemas del Sistema en estudio aparecen unidos por flechas con el fin de permitir conocer su estructura en un Sistema Dinámico.

En dicha estructura se especifican las relaciones de los subsistemas. Hay que anotar que los sistemas del Super-Sistema que presenten relación con los subsistemas, también son descritos en los diagramas

---

[1] Aracil, 1986

Sinérgicos. Los Diagramas Sinérgicos describen, además, el tipo de Sinergia que existen entre los subsistemas[1]. La principal función de los Diagramas Sinérgicos consiste en describir los intercambio de energía existentes entre los subsistemas, con ellos mismos, y con los demás sistemas del SuperSistema, teniendo en cuenta los objetivos de cada uno de ellos.

Por ejemplo, digamos que un sistema en estudio posee dos subsistemas H y C. Si una energía de las corrientes de salida de H es una energía de las Corrientes de Entrada de C, entonces, podemos decir que H es capaz de influenciar a C, y lo indicamos en un Diagrama Sinérgico por medio de una flecha saliendo de H hacia C. (Ver Figura 9)

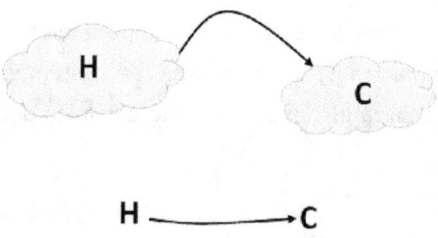

Figura 9. Ejemplo de Diagrama Sinérgico

Las relaciones o sinergias entre los subsistemas de un sistema en estudio tienen un **sentido** ya sea positivo o negativo, según la siguiente premisa: Las relaciones **positivas** hacen referencia a variaciones de logros de objetivos entre sistemas en un mismo sentido, es decir, que existe una relación positiva del subsistema H hacia el subsistema C, cuando al aumentar el logro del objetivo de H, el logro del objetivo de C también aumentará, o lo que es lo mismo, cuanto más logre sus objetivos el subsistema H, más ayudará su producto a que el subsistema C logre los suyos; si por el contrario, si disminuye los logros de objetivos de H también en C disminuirán.

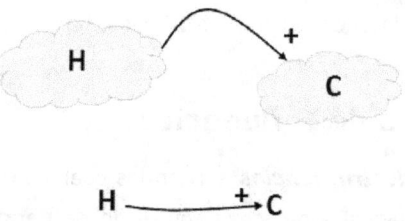

Figura 10. Diagrama Sinérgico, Relación Positiva

---

[1] Confrontar con Ibid; y Aracil y Gordillo, 1997

Las relaciones **Negativas** hacen referencia a variaciones del logro de objetivos entre sistemas en un **sentido contrario**, es decir, que existe una relación negativa del subsistema H hacia el subsistema C, si al aumentar el logro del objetivo de H, el logro de los objetivos de C disminuye, pero, si disminuyen los logros de los objetivos en H, esto ocasiona que aumenten los logros de los objetivos en C.

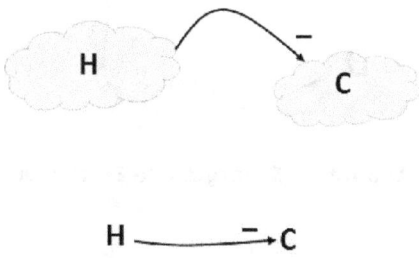

Figura 11. Diagrama Sinérgico, Relación Negativa

Finalmente, las relaciones expuestas en los diagramas Sinérgicos son de dos tipos, la primera una relación de Causa - Efecto, y la otra de correlación, por ejemplo, las relaciones estadísticas.

Tipos de Estructuras de los Diagramas Sinérgicos

Existen dos tipos de estructuras la **simple** y la **compleja**: Los **Diagramas Sinérgicos de Estructura Simples** son aquellos en los cuales no aparecen relaciones que representen caminos cerrados. Por ejemplo, se tienen relacionados tres subsistemas A, B y C; en donde existen relaciones así: una relación del subsistema "A" con "B" y otra hacia "C", pero, no de "B" a "A", ni de "C" a "A", como se muestra en la Figura 12.

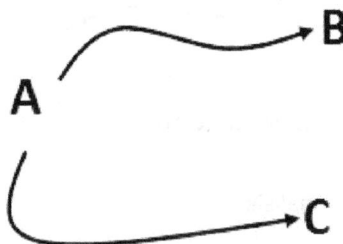

Figura 12. Diagrama Sinérgico de Estructura Simple

Los **Diagramas Sinérgicos de Estructura Compleja** se caracterizan por presentar cadenas cerradas de relaciones. (Ver Figura 13) A estas cadenas cerradas de relaciones se les denomina **Bucles o ciclos de retroalimentación**.

32 Teoría General de Sistemas un enfoque hacia la Ingeniería de Sistemas

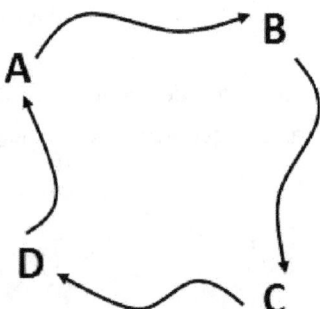

Figura 13. Diagrama Sinérgico de Estructura Compleja

Ciclos de Retroalimentación Positiva

Los **Ciclos de Retroalimentación Positiva**[1] son aquellas cadenas de relaciones en la cual un efecto o variación del logro del objetivo se propaga en todos los subsistemas constituyentes reforzando este efecto inicial. Es de Observar que todo Ciclo de Retroalimentación Positivo presenta un número par[2] de relaciones Negativa, porque al realizar un recorrido completo del ciclo los efectos de una relación negativa la contrarresta otra negativa, como se describe en la Figura 14.

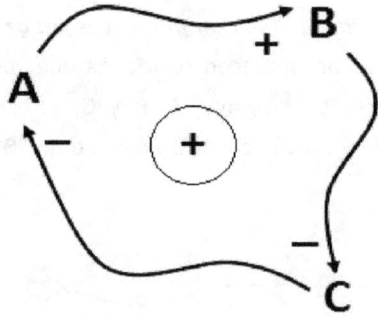

Figura 14. Ciclos de Retroalimentación Positiva

De la Figura 14 hacemos el siguiente análisis:

Si **Aumenta** el logro del Objetivo de **A**, entonces, aumenta el logro del objetivo de **B** (relación positiva). Si aumentó en **B**, entonces disminuye en **C** (relación Negativa). Si disminuyó en **C**, entonces en **A aumenta** (relación negativa).

---

[1] Aracil, 1978 , Aracil y Gordillo, 1997
[2] Se debe tomar el cero (0) como número par.

Si *Disminuye* el logro del Objetivo de **A**, entonces, disminuye el logro del objetivo de **B** (relación positiva). Si disminuyó en **B**, entonces Aumenta en **C** (relación Negativa). Si Aumentó en **C**, entonces en **A** *Disminuye* (relación negativa).

Ciclos de Retroalimentación Negativa

Los *Ciclos de Retroalimentación Negativa* son aquellas cadenas de relaciones en las cuales un efecto o variación de los logros de los objetivos se propaga en todos los subsistemas constituyentes determinando un efecto o variación con sentido contrario en el mismo elemento. Un Ciclo de Retroalimentación Negativo presenta un número impar de relaciones Negativa. (Ver Figura 15)

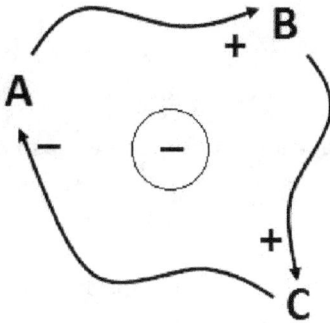

Figura 15. Ciclos de Retroalimentación Negativa

A partir de la Figura 15 se concluye lo siguiente:

Si *Aumenta* el logro del Objetivo de **A**, entonces, aumenta el logro del objetivo de **B** (relación positiva). Si aumentó en **B**, entonces aumenta **C** (relación Positiva). Si Aumentó en **C**, entonces en **A** *Disminuye* (relación negativa).

Si *Disminuye* el logro del Objetivo de **A**, entonces, disminuye el logro del objetivo de **B** (relación positiva). Si disminuyó en **B**, entonces Disminuye **C** (relación Positiva). Si disminuyó en **C**, entonces **A** *aumenta* (relación negativa).

Problema de la población de pollos

Un Agricultor se dedica a la cría de pollos en su finca. Compra 240 pollos, gallinas y gallos, aptos para reproducirse. Por la experiencia de más de 20 años que lleva en el negocio sabe que cada mes nacen entre 2 y 50 pollos, además, mueren entre 1 y 5 pollos. Cada mes el agricultor vende entre el 0 al 10% de la población total. Realizar el correspondiente Diagrama Sinérgico del Sistema. El diagrama sinérgico se describe en la Figura 16.

34 Teoría General de Sistemas un enfoque hacia la Ingeniería de Sistemas

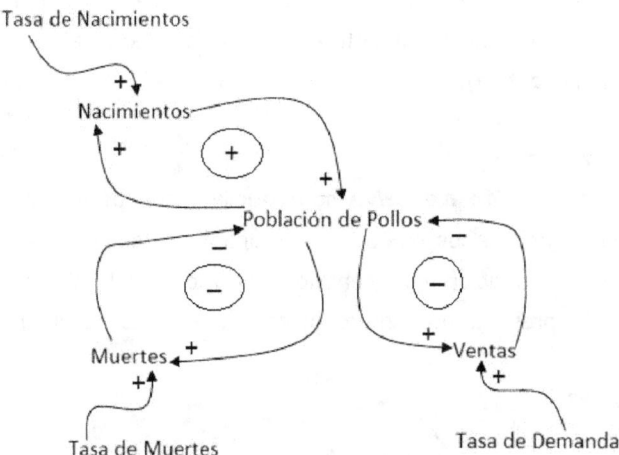

Figura 16. Diagrama Sinérgico del Caso de los Pollos.

Diagramas de Forrester

Con el fin de aportar al Sistema Dinámico una descripción exacta de la naturaleza operativa de los subsistemas y de las relaciones que conforman al sistema en estudio, se presentan a los elementos que descritos en los Diagramas Sinérgicos, según las funciones que realizan, en subsistemas de Niveles; subsistemas de Flujos; y sistemas Auxiliares. Esta interpretación gráfica es a lo que llamamos *Diagramas de Forrester*[1].

Canales de Energía Material y de Información

Las relaciones entre los subsistemas de un sistema en estudio se realizan por intermedio del intercambio de energía transformada. Está energía puede estar representada en elementos materiales, como la madera y el acero, o en información como por ejemplo la que se encuentra almacenada en una base de datos. En los Diagramas de Forrester estas energías se representan por flechas dirigidas indicando el sentido de la relación, esto es, un canal de energía material se representa por una flecha continua, mientas que los canales de información por una flecha interrumpida.

Subsistemas de Niveles

Los *Subsistemas de Niveles* representan a los subsistemas en los cuales se acumulan energía, las cuales pueden ser físicas o abstractas. Para identificar a un Subsistema de Nivel nos basamos en su característica de cambiar o almacenar al interactuar con otros subsistemas o partes del sistema en estudio. En los Diagramas de Forrester los niveles se representan por rectángulos.

---

[1] Ibid

Dos subsistemas de Nivel no pueden relacionarse a través de la energía material que acumulan, ya que si un Nivel 1 almacena peces y un Nivel 2 almacena dinero, se hace difícil que entre ellos se intercambie estas dos energías diferentes. Pero si se pueden relacionar dos Niveles por intermedio de las informaciones referentes a lo que almacenan, tales como: la cantidad almacenada, las variaciones ocurridas en un lapso de tiempo, etc. (Ver Figura 17)

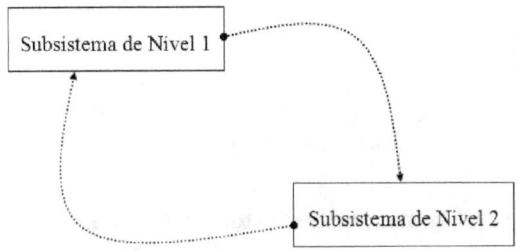

Figura 17. SubSistemas de Nivel.

Subsistemas de Flujo

Los **Subsistemas de Flujos** representan los subsistemas que determinan variaciones en los subsistemas de niveles. Los Flujos son como válvulas que regulan el contenido de los Niveles, es por ello que los subsistemas de Flujos se encuentran asociados con elementos de decisión con el fin de determinar el tipo de variación que sufrirán los niveles. Los Flujos se relacionan con los Niveles ya sea por energía material o por Información. De hecho, un subsistema de Nivel se relaciona por lo menos con un subsistema de Flujo, pero, dos subsistemas de Flujo no pueden relacionarse por energía material directamente. En la Figura 18, si observamos el diagrama de la derecha, nos muestra la forma incorrecta de relacionar dos subsistemas de Flujo. En cambio el diagrama de la izquierda nos muestra la forma correcta.

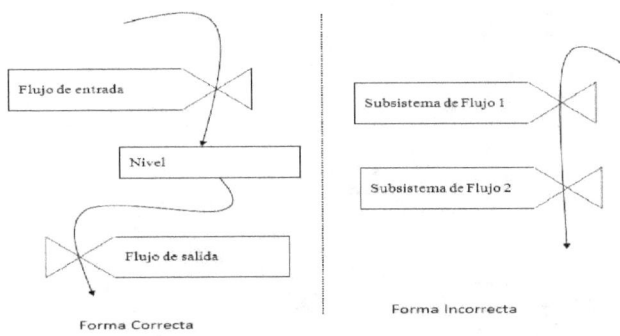

Figura 18. SubSistemas de Flujos

Sistemas Auxiliares

Los **Sistemas Auxiliares** representan a los Sistemas del SuperSistema que se relacionan con los subsistemas del sistema al cual se le estudia su comportamiento dinámico. En la mayor parte de los casos los Sistemas Auxiliares representan a los sistemas externos o canales de información entre los subsistemas de Nivel y los de Flujo. Se utiliza los óvalos para su representación gráfica, ver Figura 19.

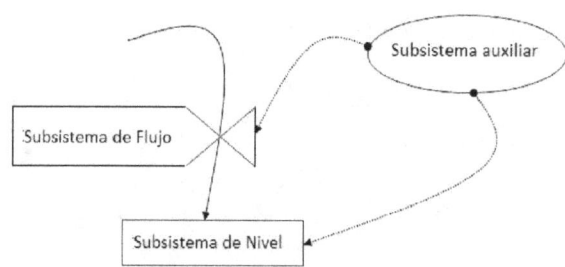

Figura 19. SubSistemas Auxiliares

Otros símbolos en los Diagramas de Forrester

Con una **Nube** se representa una **fuente** o **pozo**, es decir la relación del sistema con el Super-Sistema. Según se necesite una nube-pozo será las corrientes de salida y una nube-fuente, será las corrientes de entrada. Los **valores constantes** se representan por pequeños círculos cruzados por una línea, mientras los **valores aleatorios** con un pequeño círculo. En la Figura 20 se desglosan los diferentes símbolos de los Diagramas de Forrester y su significado[1].

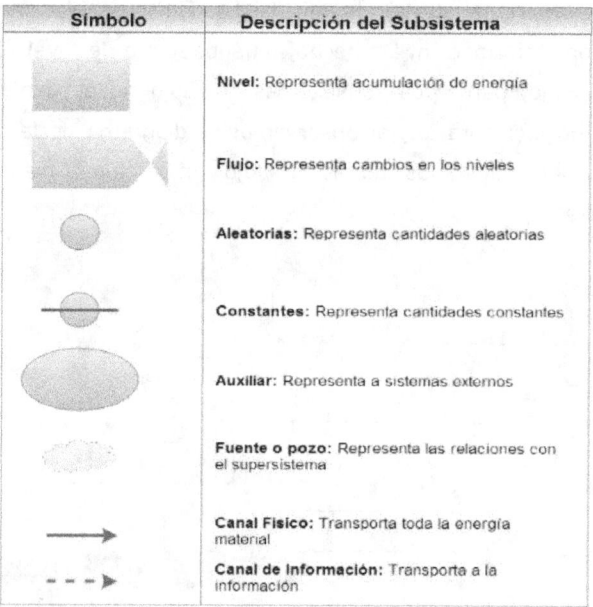

Figura 20. Resumen de los símbolos de los Diagramas de Forrester

---

[1] Ibid

Modelo Lógico-Matemático de los Diagramas de Forrester

El **Modelo Lógico-Matemático** de los Diagramas de Forrester se resume en la siguiente formula:

$$\text{Nivel Actual} = \text{Nivel Anterior} + \Sigma\, FE - \Sigma\, FS$$

Donde,
FE: Flujo de Entrada asociado al Nivel
FS: Flujo de Entrada asociado al Nivel

Típicamente la fórmula se lee: El estado actual de un nivel es igual al estado anterior más la sumatoria de las influencias de los flujos de entrada menos los de salida.

Sistemas Dinámicos de Primer Orden

Los **Sistemas Dinámicos de Primer Orden** se caracterizan por presentar un solo SubSistema de Nivel en su estructura. En un sistema dinámico de primer orden se presentan ciclos de retroalimentación de dos tipos: positiva y negativa.

Sistemas Dinámicos de Primer Orden con Retroalimentación Negativa

Son aquellos sistemas dinámicos que presentan un comportamiento, a través del tiempo, que les permite mantener en equilibrio en su SubSistema de Nivel. Como ejemplo tenemos el sistema Termostato, cuya función principal es la de mantener una temperatura constante en una habitación. En la Figura 21 se describe este comportamiento en el tiempo.

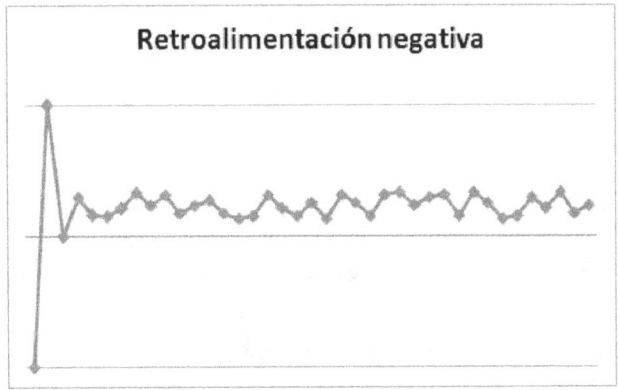

Figura 21. Retroalimentación Negativa

Sistemas Dinámicos de Primer Orden con Retroalimentación Positiva

Son aquellos que presentan un comportamiento que genera un crecimiento o una disminución acelerada del SubSistema de Nivel. Con ellos los acumulados en los Niveles tienden a llegar a los extremos, es decir, a cero o al tope. En las Figuras 22 y 23 se describen estas situaciones.

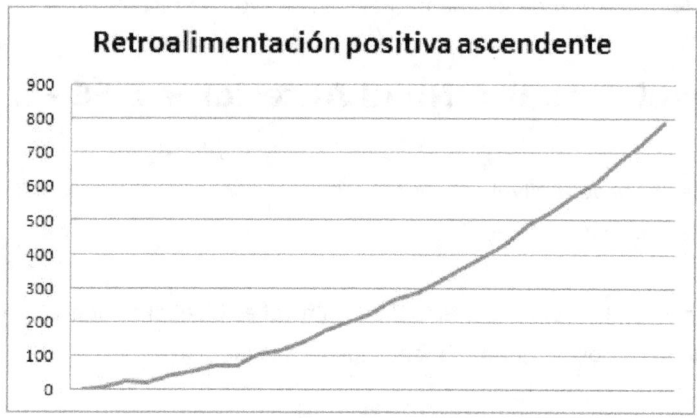

Figura 22. Retroalimentación Positiva Creciente

Los ejemplos de Sistemas dinámicos de Primer orden con retroalimentación positiva son: Una cuenta de ahorros en un Banco, con solamente retiros, Una población de ballenas donde el porcentaje de nacimientos en cada periodo de tiempo es alto y las muertes son raras.

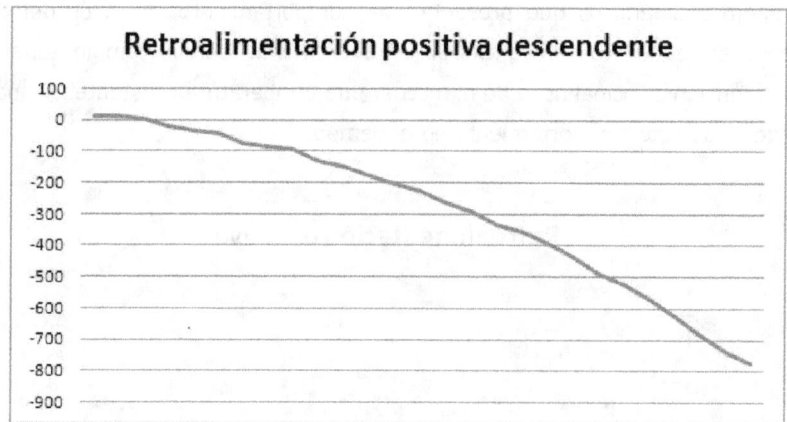

Figura 23. Retroalimentación Positiva Decreciente

Sistemas Dinámicos de Segundo Orden

Los **Sistemas Dinámicos de Segundo Orden** Son los que presentan dos niveles en su estructura, como se muestra en la Figura 24. Otra manera en que se presentan los Sistemas de segundo orden es cuando aparecen los Sistemas auxiliares. En los Sistemas dinámicos de segundo orden puede existir una relación directa de retroalimentación, donde ambos niveles se influyen en forma directa (Ver Figuras 25 y 26)

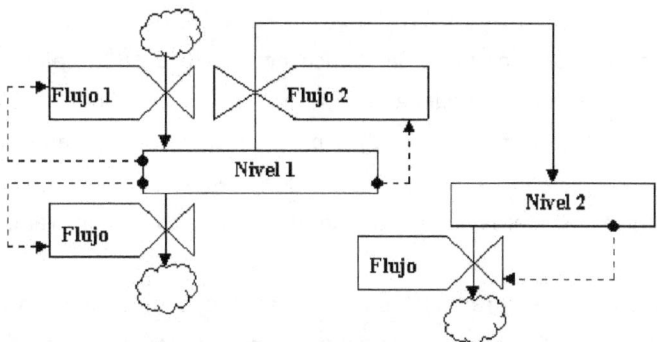

Figura 24. Diagrama de Forrester de un Sistema Dinámico de 2º Orden

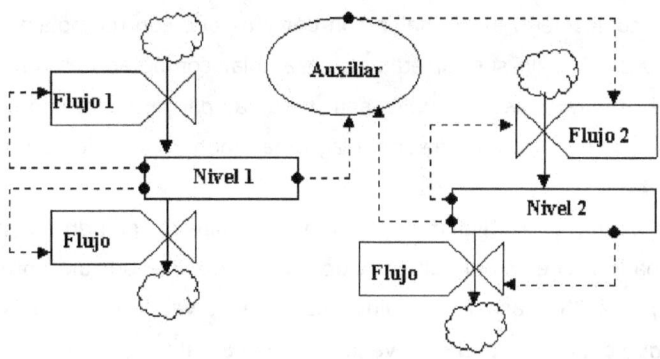

Figura 25. Sistema Dinámico de 2º Orden con Sistemas Auxiliares

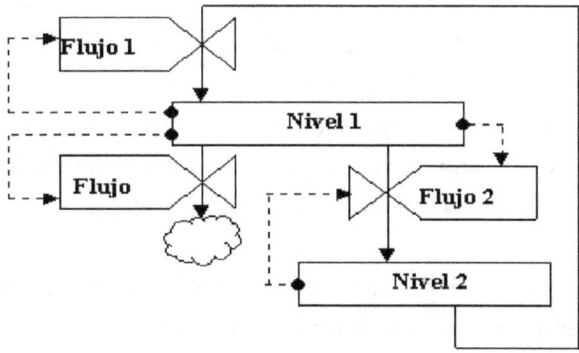

Figura 26. Sistema Dinámico de 2º Orden con Retroalimentación

40 Teoría General de Sistemas un enfoque hacia la Ingeniería de Sistemas

PROBLEMAS DEL CAPITULO

1. Un Distribuidor de cervezas compra a la fábrica entre 120 a 1800 cajas al día. Semanalmente vende de 700 a 1200 cajas de su bodega en el local, y en los camiones de 1000 a 2500. En el mes a los trabajadores se les premia con 5 cajas para su disfrute si durante ese mes no ha hecho "Chichas" (romper botellas accidentalmente) las cuales si se dan es en el orden de 1 o 2 cajas. Utilizando la Dinámica de sistemas, crear el diagrama Sinérgico y el diagrama de Forrester.

2. La empresa "partes y cia" compra tarjetas principales para computador directamente al fabricante en el orden de 200 a 1300 al mes. Las tarjetas son almacenadas en una bodega, la cual cuando llueve en la cuidad, se le incrementa la humedad, ocasionando que en el 75% de las veces se dañen del 1 al 3% de las tarjetas allí almacenadas. Se sabe que la probabilidad que llueva en la ciudad durante el mes es de 23.45%. Partes y cia vende a "Tasra.com" entre el 24 al 93% de su inventario, de las cuales del 0 al 2% salen con defectos que son reemplazas con otras. Tasra.com Utiliza entre el 80 al 90% de sus tarjetas en ensamblar computadores, en cuyo proceso se daña entre 1 al 3% de esas tarjetas, las cuales son utilizadas para repuestos o destinadas a la basura. Utilizando la Dinámica de sistemas, crear el diagrama Sinérgico y el de Forrester.

3. En una finca en donde se cultiva maíz existen dos cultivos, el primero llamado Azucena y el segundo denominado Leche. En el cultivo Azucena se recolecta por día entre 600 a 1350 sacos y en Leche entre 100 a 256 sacos. Del cultivo azucena se vende entre el 70 al 98% del total de sacos, mientras que del cultivo Leche se vende entre el 80 al 85% de la cantidad que se vendió del cultivo Azucena. Utilizando la Dinámica de sistemas, crear el diagrama Sinérgico y el diagrama de Forrester.

4. "Rhatax.Com" vende computadores completos y discos duros. Mensualmente compra entre 10 a 20 computadores y vende entre 5 a 30 computadores. En cuanto a los discos duros vende entre 15 a 34 y compra de 30 a 40, si los computadores que compró en el mes no sobrepasan a 12, y compra de 40 a 55 discos duros, de otro modo. Utilizar la Dinámica de Sistemas para saber las existencias de computadores y de discos duros para un número de meses dado.

5. En una población un virus denominado "politios infectus" contagia entre 10 a 14 personas por hora. Las autoridades sanitarias están alarmadas ya que cada 60 minutos mueren entre el 10% al 12% de las personas contagiadas. Han desarrollado una vacuna que es capaz de sanar alrededor de 5 personas por hora. Utilizar Dinámica de Sistemas para saber cuántas horas se necesitan para curar a toda una población.

CONSTRUCCIÓN DE MODELOS INFORMÁTICOS A PARTIR DE LA DINÁMICA DE SISTEMAS

Capítulo 4

ESTRUCTURA DEL MODELO INFORMÁTICO

Programación Estructurada

El **Modelo Informático** que se construye a partir del análisis de los Diagramas Sinérgicos, de los Diagramas de Forrester y del Modelo matemático es sumamente sencillo:

Los subsistemas de Nivel y los subsistemas de Flujo son representados por Variables de Nivel y Variables de Flujo respectivamente. De igual manera, las cantidades aleatorias se representan por Variables que almacenan cantidades de distribuciones aleatorias (la más usada es la distribución Uniforme), las constantes por Variables Constantes y los demás Sistemas y subsistemas por variables que almacenan correspondientes valores.

En palabras simples, todos los subsistemas del Diagrama de Forrester pasan a ser variables y se diferencian sus tipos según el modo de declaración, asignación y operación correspondientes. Esto es, una Variable de Nivel en el modelo informático almacenaría cantidades al igual que el Diagrama de Forrester, así como, una Variable de Flujo de Entrada almacena las cantidades que se le adicionarán a una Variable de Nivel.

Programación Orientada por Objetos

A diferencia, al construir **Modelos Informáticos Orientados a Objetos** se toman cada uno de los tipos de subsistemas del Diagrama de Forrester para crear los distintos Objetos. Es decir, se crearían Objetos de tipo Nivel, de tipo Flujo de Entrada, de tipo Flujo de Salida, de tipo Aleatorios, etcétera, respetando sus correspondientes propiedades reflejadas en sus métodos. Además se necesita crear un ambiente integrador para los objetos.

Se puede resumir en un mismo objeto a los subsistemas de Nivel y a los subsistemas de Flujo asociados a éste, en donde la funcionalidad de almacenamiento de los Niveles lo realizarían los atributos y la acción modificadora de los Flujos lo realizarían Métodos o Funciones Miembro.

HERRAMIENTAS

Lenguaje de Programación

Los lenguajes de programación que se utilizan en el presente texto son el **C++ y Java**. Tanto C++ como Java son lenguajes de programación orientada a objetos utilizados por millones de personas en el mundo para desarrollar aplicaciones bajo cualquier plataforma operativa, por tal razón fueron escogidos.

Las simulaciones de los casos de estudio se realizarán, en parte, netamente en órdenes secuenciales dentro de un programa en C++ y en Java, y en parte, con la utilización del *Clase* **SistemaDinamico**.

La Clase SistemaDinamico en C++[1]

La *Clase SistemaDinamico* es un objeto construido con el fin de realizar las simulaciones de los Sistemas Dinámicos basándose en las facilidades propias de la Programación Orientada a Objetos. Esta Clase representa por completo al Diagrama de Forrester.

La definición formal de la clase es la siguiente:

```
//El nombre del archivo es SistemasD.h
#ifndef SISTEMASDINAMICOS_H
#define SISTEMASDINAMICOS_H
#include <iotream.h>
#include <stdlib.h>
#include <conio.h>
class SistemaDinamico {
 private:
      typedef EstNiveles {
           char *nombre;
           double valor;
      } Niveles[100];
```

---

[1] Como referencia de programación en C y C++ se utilizó Cohoon, 1998 ; Jayanes, 1998 , Main & Savitch, 2001; y Schidlt, 1995

```cpp
        typedef EstFlujos {
            char *nombre;
            int Tipo; // 1- Entrada 2- Salida 3 -E/S 4- con Auxiliar
            int TipoInter; // 1- Normal 2-Porcentaje
            int NivelEntrada;
            int NivelSalida;
            double LimiteMinimoCambio;
            double LimiteMaximoCambio;
        } Flujos[500];

        typedef EstAux {
            char *nombre;
            double LimiteMinimoCambio;
            double LimiteMaximoCambio;
        } Auxiliar[500];

        int NumeroNiveles;
        int NumeroFlujos;
        int NumeroAux;
        int NumeroPeriodos;

public: // Elementos Públicos
        SistemaDinamico();
        ~SistemaDinamico();
        void CrearNivel(char *nombre, double ValorInicial);
        void CrearAuxiliar(char *nombre, double LimiteMinimo,double LimiteMaximo);
        void CrearFlujoEntrada(char *nombre, char *NombreNivel,double
            LimiteMinimo,double LimiteMaximo, int TipoI);
        void CrearFlujoSalida(char *nombre, char *NombreNivel,double LimiteMinimo,
            double LimiteMaximo, int TipoI);
        void CrearFlujoES(char *nombre, char *NombreNivel1, char *NombreNivel2,double
            LimiteMinimo,double LimiteMaximo,int TipoI);
        void CrearFlujoEA(char *nombre, char *NombreNivel,char *NombreAuxiliar);
        void CrearFlujoSA(char *nombre, char *NombreNivel,char *NombreAuxiliar);
        void Simulacion(int Periodos);
}; // fin de la clase
#endif
```

PROBLEMA DE LA POBLACIÓN DE POLLOS

Enunciado: Nos basaremos del caso de la población de pollos del capítulo 3.

44 Teoría General de Sistemas un enfoque hacia la Ingeniería de Sistemas

Objetivo del Sistema: El objetivo es calcular la población de pollos mensual.
Diagrama Sinérgico: Ver Figura 16.
Diagrama de Forrester: Ver Figura 27

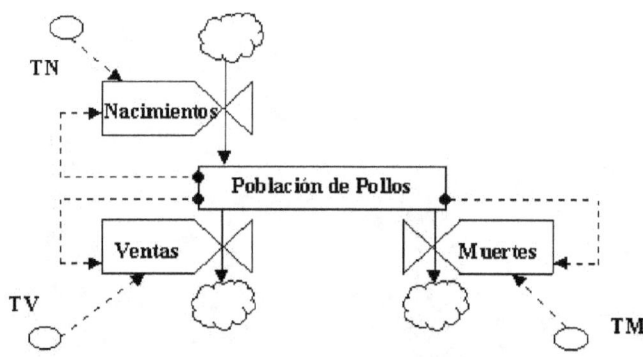

Figura 27. Diagrama de Forrester del Caso de los Pollos.

Modelo Matemático

Analizamos los siguientes aspectos del diagrama de Forrester:
1. Como podemos observar, la población de pollos representa un SubSistema de Nivel, ya que, además de ser nuestro objeto de interés, acumula una cantidad física que son los pollos.
2. Los nacimientos varían la cantidad del nivel población de pollos, por ello se cataloga como un Flujo, y por su tendencia a aumentar se dice que un Flujo de entrada.
3. De la misma manera las ventas y las muertes varían el nivel de la población, disminuyéndola, es por ello que se les catalogan como de Flujo de Salida.
4. Las variables aleatorias TN (tasa de nacimientos), TM (tasa de Muertes) y TV (tasa de Ventas), representan acontecimientos o productos de sistemas dentro del SuperSistema.
5. Aplicando el modelo matemático de los diagramas de Forrester, podemos decir que la población de pollos es igual: a la que tiene más los nacimientos, menos las muertes y las ventas que se realicen en el mes.

A continuación, se describe el modelo matemático de problema,

$$PP = PP + NP - MP - VP$$

Donde,
PP: POBLACIÓN DE POLLOS
NP: NACIMIENTOS DE POLLOS
MP: MUERTES DE POLLOS
VP: POLLOS VENDIDOS

Modelo Informático basado en C++

A continuación se presenta el listado del programa informático escrito en lenguaje C++ que con el cual se realizaría la simulación por computador del sistema dinámico anteriormente descrito.

```cpp
// Nombre del archivo SPollos.Cpp
// Librerías Utilizadas
#include <iostream.h>
#include <stdlib.h>
#include <conio.h>

// Inicio Programa Principal
int  main(){
    // declaración de variables
        int  pp ,np ,mp, meses, i,vp;
    // inicializar variables con condiciones iniciales
        pp = 240;  np = 0; mp = 0;
        clrsrc(); randomize();

    // pedir cuantos meses desea hacer la simulación
        cout<<" Simulación de población de Pollos \n";
        cout<<"Con Cuantos meses desea hacer la  Simulación ";
        cin>>meses;
        clrscr();
    // cálculo de la población por meses
        for(i=1; i<=meses; i++) {
        // calcular las ventas en el mes
            vp = pp*random(10-0+1)/100;

        // calcular los nacimientos
            np = random(50-2+1)+2;

        // calcular  las muertes
            mp = random(5-1+1)+1;
        // calcular la población del mes
            pp = pp + np - mp - vp;
        // presentar por pantalla la población actual
            cout<<"La población de Pollos en el mes"<<i<<" es "<<pp<<"\n";
        }  //  fin for
        return 0;
}  //    fin del programa
```

Modelo Informático basado en Java

```java
//Nombre del archivoJSPollos.java
import java.io.*;
import javax.swing.*;
class JSPollos{
  public static void main(String[] args){
      // declaración de variables
        String L;
        int  pp ,np ,mp, meses, i,vp;
      // inicializar variables
        pp = 240;  np = 0; mp = 0; vp = 0;

      // pedir los meses de la simulación
      clrscr();randomize();
      L = "Simulación de población de Pollos \n";
      L = L + "Con Cuantos meses desea hacer la Simulación ";
      L = JOptionPane.showInputDialog(L);
      meses = Integer.parseInt(L);
    // cálculo de la población por meses
        for(i = 1; i <= meses; i++) {
            // calcular las ventas en el mes
             vp = pp * (int)((10-0)Math.random()+0)/100;

            // calcular los nacimientos
              np = (int)((50-2)Math.random()+2);

            // calcular  las muertes
              mp = (int)((5-1)Math.random()+1);

            // calcular la población del mes
              pp = pp + np - mp - vp;
      } //  fin del for
     L = "La población de Pollos en el mes"+(i-1)+" es "+pp;
     JOptionPane.showMessageDialog(null,L);
     System.exit(0);
   }// fin main
} // fin de la clase
```

PROBLEMA DE LA POBLACIÓN DE CONEJOS ADULTOS Y CONEJOS JÓVENES

Enunciado

Un Agricultor se dedica a la cría de Conejos. Compra 240 Conejos aptos para reproducirse. Por la experiencia de más de 20 años que lleva en el negocio, sabe que cada mes nacen entre 2 y 45 conejos jóvenes que no están aptos para reproducirse, pero lo serán cuando cumplan el mes aproximadamente.

Además, mueren entre 0 y 5 de los conejos adultos y solo entre 0 y 2 de los conejos jóvenes. Cada mes el agricultor vende entre el 0 al 10% de la población adulta, y cero de la población joven, ya que el gobierno no le permite vender a los conejos jóvenes.

Se pide realizar el correspondiente Diagrama Sinérgico, Diagrama de Forrester y una simulación por computador del sistema, que muestre la población de CONEJOS ADULTOS mensual para un número de meses dado.

Objetivo

El objetivo es calcular la población de CONEJOS ADULTOS mensual para un número de meses dado.

Diagrama Sinérgico

En el diagrama Sinérgico se tienen en cuenta las poblaciones de conejos tanto adultas como jóvenes, las muertes, los nacimientos y las ventas. En la Figura 28 se describe las relaciones entre estos subsistemas.

Como se aprecia en la Figura 28, existe una relación directa entre la Tasa de Nacimientos con los Nacimientos, que a su vez incrementan a la población de conejos jóvenes, que a su vez también, incrementarían a la población adulta cuando crezcan.

Por otro lado, se observa que las muertes decrementan a ambas poblaciones, así como las ventas solamente decrementan a la población adulta.

48 Teoría General de Sistemas un enfoque hacia la Ingeniería de Sistemas

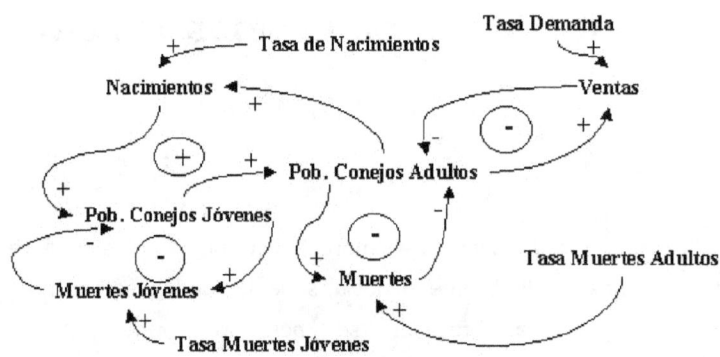

Figura 28. Diagrama Sinérgico del caso de los conejos adultos y jóvenes

Diagrama de Forrester

Como podemos analizar existen dos niveles; el primero lo constituye los conejos jóvenes y el otro lo conforman los conejos adultos. La población de conejos jóvenes presenta un flujo de entrada que son los nacimientos, y dos de salida: las muertes y los que pasan a ser adultos. Por otro lado la población adulta es alimentada (flujo de entrada) por el flujo de salida de la población joven que ha alcanzado la "mayoría de edad". Este nivel también presenta dos flujos de salida, el que representa a las muertes, y el otro a las ventas.

También se presentan las siguientes variables aleatorias TN (tasa de nacimientos), TMJ (tasa de Muertes de los conejos jóvenes) y TVA (tasa de Ventas de los conejos adultos), TMA (tasa de Muertes de los conejos adultos). En la Figura 29 se describe el correspondiente diagrama de Forrester.

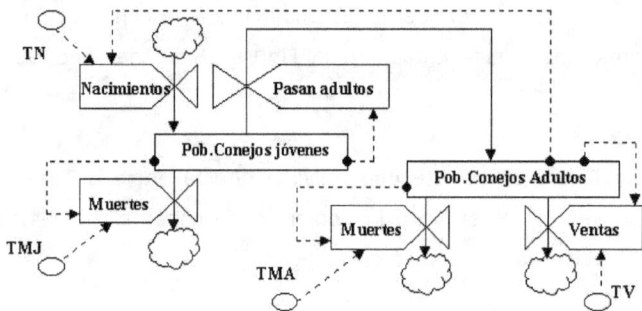

Figura 29. Diagrama de Forrester Caso de los Conejos

Modelo Matemático

A partir del diagrama de Forrester (Figura 29) tenemos que la población de adultos es igual a la que tiene más los nacimientos de hace un mes, menos las muertes y las ventas que se realicen (Ecuación 1). De la misma manera, la Población de conejos jóvenes es igual a los nacimientos menos los que se jóvenes que se mueren (Ecuación 2).

(Ecuación 1) PCA = PCA + NC1 −MCA - VCA
(Ecuación 2) PCJ = NAC − MCJ

Donde,
PCA: POBLACIÓN DE CONEJOS ADULTOS
NC1: CONEJOS DE 1 MES
MCA: MUERTES CONEJOS ADULTOS
VCA: CONEJOS ADULTOS VENDIDOS
PCJ: POBLACIÓN CONEJOS JÓVENES
NAC: NACIMIENTOS
MCJ: MUERTES CONEJOS JÓVENES.

Modelo Informático basado en C++

El programa de simulación es el siguiente:

```
// Nombre del archivoCONEJOS1.C
//   Librerías utilizadas
    #include <iostream.h>
    #include <stdlib.h>
    #include <conio.h>

int  main(){
    // declaración de variables
        int   PCA,NC1,MCA,VCA,NAC,MCJ,MESES,PCJ,i;

    // inicializar variables con condiciones iniciales
       PCA = 240;   NC 1 =0; MCA = 0; VCA = 0; PCJ = 0;

    // pedir cuantos meses desea hacer la simulación

        clrsrc(); randomize();
        cout<<" Simulación de población de Conejos Jóvenes y Adultos\n";
        cout<<"Con Cuantos meses desea hacer la  Simulación ";
        cin>>MESES;
        clrscr();

    // cálculo de la población por meses

       for(i=1; i<=MESES; i++) {
        //  calcular las ventas en el mes
```

```
            VCA = PCA * random(10-0+1)/100;

      //  calcular los nacimientos
            NAC = random(45-2+1)+2;
      //  calcular  las muertes  adultos
            MCA = random(5-0+1)+0;

      //  calcular  las muertes  jovenes
            MCJ = random(2-0+1)+0;

      //  calcular la población ADULTA del mes
            PCA = PCA + NC1 - MCA - VCA;

            if(PCA<0) PCA = 0;

      //  calcular la población joven del mes
            PCJ = NAC - MCJ;
            if(PCJ<0) PCJ = 0;

            NC1 = PCJ;

       // presentar por pantalla la población actual
            cout<<"Población de Conejos Adultos en el mes";
            cout""<<i<<" es "<<PCA<<"\n";
   }//  fin del for

   return 0;

  }//  fin de main

// fin del programa
```

Modelo Informático basado en la Clase SistemaDinamico

El modelo es el siguiente:

```
//Nombre del archivoConejoSD.cpp
#include <iostream.h>
#include <conio.h>
#include "SistemaD.h"

// inicio programa principal
```

```
void main(){
   // declaración de variables
   SistemaDinamico Conejos;
   int meses;
   clrsrc();
   // pedir cuantos meses desea hacer la simulación
   cout<<" Simulación de población de Conejos\n";
   cout<<"Diga los meses de la Simulación ";
   cin>>meses;

   // Crear los Niveles
   Conejos.CrearNivel("Población de Conejos Adultos", 240);
   Conejos.CrearNivel("Población de Conejos Jóvenes", 0);

   // Crear los Flujos
   Conejos.CrearFlujoEntrada("Nacimientos", "Población Conejos Jóvenes", 2, 45,1);
   Conejos.CrearFlujoSalida("Muertes Jóvenes", "Población Conejos Jóvenes", 0, 2,1);
   Conejos.CrearFlujoSalida("Ventas", "Población de Conejos Adultos", 0, 10, 2);
   Conejos.CrearFlujoSalida("Muertes", "Población de Conejos Adultos", 0, 5, 1);
   Conejos.CrearFlujoES("Pasan Adultos", "Población de Conejos Adultos",
"Población Conejos Jóvenes", 100, 100, 2);

   // Realizar la Simulación
      Conejos.Simulacion(meses);
}// Fin del Programa
```

Modelo Informático basado en Java

El modelo es el siguiente:
```
//Nombre del archivoJConejos1.java
import java.io.*;
import javax.swing.*;

public class JConejos1{
    public static void main(String[] args) {

      // declaración de variables
        String L;
        int   i,PCA,NC1,MCA,VCA,NAC,MCJ,MESES,PCJ;

      // inicializar variables
```

```java
        PCA = 240;  NC1 = 0; MCA = 0; VCA = 0;  PCJ = 0;

    // meses de la simulación
        JOptionPane.showMessageDialog(null,"Simulación de población de Conejos 2°");
        L = JOptionPane.showInputDialog("Digite los meses de la Simulación ");
        MESES = Integer.parseInt(L);

    // cálculo de la población por meses
      for(i=1; i<=MESES; i++) {
      //   calcular las ventas en el mes
          VCA = PCA * (int)(((10-0)*Math.ramdom()+0)/100);

     //   calcular los nacimientos
          NAC = (int)(((50-2)*Math.ramdom()+2));

     //    calcular  las muertes  adultos
          MCA = (int)(((5-0)*Math.ramdom()+0));

     //    calcular  las muertes  JOVENES
          MCJ=(int)(((2-0)*Math.ramdom()+0));

     //   calcular la población adulta del mes
          PCA = PCA + NC1 - MCA - VCA;

            if(PCA<0) PCA=0;

     //   calcular la población JOVEN del mes
          PCJ = NAC - MCJ;

            if(PCJ<0) PCJ=0;
            NC1 = PCJ;

        // presentar por pantalla la población actual
         L="La población de Conejos Adultos en el mes "+i+" es "+PCA;
         JOptionPane.showMessageDialog(null,L);

       }  //   fin del for
   }
}//fin de la clase
```

PROBLEMA DEL ESTANQUE DE AGUA A UNA TEMPERATURA

Enunciado

En una refinería se necesita para un proceso crítico especial que se le suministre agua a una temperatura dada, dichas solicitudes pueden variar en el tiempo. Para satisfacer estas solicitudes de agua, se dispone de un recipiente en el cual se le suministra tanto agua fría como caliente. Se sabe que por cada 10 litros de agua caliente que entre al recipiente se sube la temperatura en un grado centígrado, y que por cada 15 litros de agua fría, se logra bajar la temperatura también en un grado centígrado. El proceso especial presenta requisiciones de agua a una temperatura entre 50 a 80 °C en un momento dado. Las mediciones se hacen cada hora. Realizar el correspondiente Diagrama Sinérgico, diagrama de Forrester y una simulación por computador del Sistema, que muestre, los litros de agua fría y de agua caliente que se necesitó para lograr la temperatura. La temperatura inicial es de 50°C.

Objetivo

El objetivo es calcular los litros de agua caliente y de agua fría que se necesitaron cada hora para satisfacer al proceso crítico.

Diagrama Sinérgico

En el diagrama Sinérgico intervienen los subsistemas Temperatura del agua, Agua caliente, Agua Fría, Temperatura Proceso Crítico. Se describe el diagrama en la Figura 30.

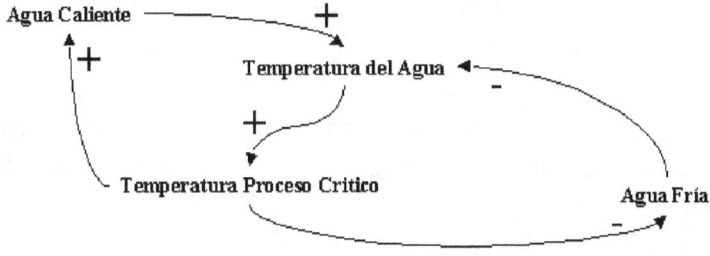

Figura 30. Diagrama Sinérgico de un estanque a temperatura dada

Diagrama de Forrester

Partiendo del análisis del diagrama sinérgico (Figura 30) del problema que nos atañe, encontramos los siguientes comportamientos de los subsistemas que lo conforman:

1. **Temperatura del Agua**: Es un subsistema de Nivel, ya que almacena la temperatura del agua almacenada en el recipiente.
2. **Agua Fría**: Es un subsistema de Flujo de Entrada del Nivel Temperatura del Agua. Ya que modifica su temperatura.
3. **Agua Caliente**: Es un Flujo de Entrada del Nivel Temperatura del Agua.
4. **La temperatura del Proceso Crítico:** Representa a la información que proviene del SuperSistema y por tanto se cataloga como sistema auxiliar.

En la Figura 31 se muestra el Diagrama de Forrester construido a partir de este análisis.

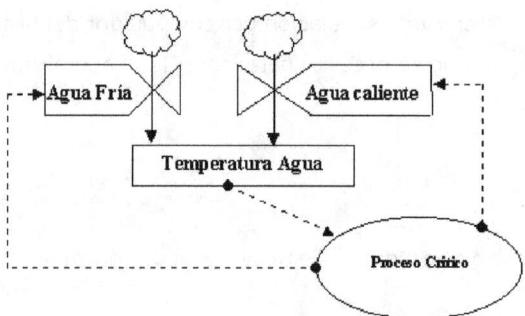

Figura 31. Diagrama de Forrester

Modelo Matemático

La relación existente entre el agua caliente y la temperatura del recipiente radica en que al aumentar el caudal de agua caliente se eleva la temperatura. Del mismo modo, la relación entre el agua fría y la temperatura es que al aumentar el caudal de agua fría, esta última baja.

En cambio, la relación entre la temperatura del agua y el proceso crítico se basa en qué tanto se satisface la solicitud de temperatura. A partir de este análisis, el modelo matemático de este caso de estudio se describe en la siguiente ecuación:

$$TEMP = TEMP + (CALIENTE/10) - (FRIA/15)$$

Donde:
TEMP: Temperatura en grados del agua que se desea
CALIENTE: Litros de agua caliente que entran al recipiente
FRIA: Litros de agua fría que entran al recipiente

Las unidades de la ecuación son:

Grados = Grados + [Litros / (10 Litros / Grados)] - [Litros / (15 Litros / Grados)]

Modelo Informático basado en C++

El programa de simulación es el siguiente:

```cpp
// Nombre del archivo temp.cpp
//  Librerías utilizadas
   #include <iostream.h>
   #include <stdlib.h>
   #include <conio.h>

int main(){
  // declaración de variables
     int  i, TEMP, CALIENTE, FRIA, HORAS, TPROCESO;

  // inicializar variables con condiciones iniciales
     TEMP = 50;   CALIENTE = 0; FRIA = 0;

  // pedir cuantos meses desea hacer la simulación
     clrsrc(); randomize();

     cout<<"Simulación del Estanque de Agua con una\n";
     cout<<"Temperatura dada \n";
     cout<<"Con Cuantas horas desea hacer la  Simulación ";
     cin>>HORAS;

     clrscr();

  // cálculo de la temperatura por hora
     for(i=1;i<=HORAS;i++) {
      // calcular la temperatura desea
         TPROCESO = random(80-50+1)+50;

      //  calcular si se necesita agua caliente o fría
         FRIA = 0; CALIENTE = 0;
         if(TEMP>TPROCESO) {  //  agua fría
           FRIA = (TEMP-TPROCESO)*15;
         }else {  //   agua caliente
           CALIENTE = (TPROCESO-TEMP)*10;
         }

         TEMP = TEMP+CALIENTE/10-FRIA/15;
```

```cpp
// presentar por pantalla los litros de agua
    cout<<"******** HORA "<<i;
    cout<<" \nLos Litros de Agua Caliente que se utilizó";
    cout<<fue "<< CALIENTE<<"\n";
    cout<<"Los Litros de Agua Fría que se utilizó fue ";
    cout<<FRIA<<"\n";

} //   fin del for
return 0;

}// fin de main
}// fin del programa
```

Modelo Informático basado en la Clase SistemaDinamico

El modelo es el siguiente:

```cpp
// Nombre del archivo   TempSD.cpp
#include <iostream.h>
#include <conio.h>
#include "SistemaD.h"

void  main(){
    // declaración de variables
    SistemaDinamico TAgua;
    int horas;

    clrsrc();

    // Pedir cuantos meses desea hacer la simulación
    cout<<" Simulación del Estanque de Agua con una";
    cout<<" Temperatura dada \n";
    cout<<" Con Cuantas horas desea hacer la  Simulación ";
    cin>>horas;

    // Crear los Niveles
    TAgua.CrearNivel("Temperatura del agua", 50);

    // Crear la variable auxiliar
    Tagua.CrearAuxiliar("Temperatura del proceso", 50, 80);
```

```
    // Crear los flujos
     TAgua.CrearFlujoEA("Agua Fría", "Temperatura del agua", "Temperatura del
proceso");
     TAgua.CrearFlujoEA("Agua Caliente, "Temperatura del agua", "Temperatura del
proceso");
    // Realizar la Simulación
       TAgua.Simulación(horas);

}// Fin del Programa
```

Modelo Informático basado en Java.

El modelo es el siguiente:

```
//Nombre del archivo JTemperatura.java
import javax.swing.*;
public class JTemperatura{
     public static void main(String[] args){
         // declaración de variables
           String L;
           int  i, TEMP, CALIENTE, FRIA, HORAS, TPROCESO;

        // inicializar variables
           TEMP = 50;   CALIENTE = 0; FRIA = 0;

       // pedir los meses de la simulación
         L = "Simulación del Estanque de Agua con una Temperatura dada");
         JOptionPane.showMessageDialog(null,L);

         L = "Con Cuantas horas desea hacer la  Simulación ");
         L = JOptionPane.showInputDialog(L));

         HORAS = Integer.parseInt(L);
    // cálculo de la temperatura por hora
         for(i=1;i<=HORAS;i++) {
         //  calcular la temperatura desea
             TPROCESO = (int)((80-50)*Math.random()+50);

         //calcular si se necesita agua caliente o fría
             FRIA = 0; CALIENTE = 0;
            if(TEMP>TPROCESO) {  //  agua fría
                FRIA = (TEMP-TPROCESO)*15;
```

```
            }else {   //   agua caliente
                    CALIENTE = (TPROCESO-TEMP)*10;
            }
          TEMP = TEMP+CALIENTE/10-FRIA/15;
       // presentar por pantalla los litros de agua
          L = "HORA "+i+"\n Los Litros de Agua Caliente que se utilizó fueron ";
          L = L + CALIENTE+ " Litros \n Los Litros de Agua Fría que ";
          L = L + "se utilizó fueron " + FRIA+ " Litros");
          JOptionPane.showMessageDialog(null,L);


      }  //   fin del for
  }    //   fin de main
} //fin de la clase
```

PROBLEMAS DE CAPITULO

1. Construir el modelo matemático y el modelo computacional del problema 1 del capítulo 3

2. Construir el modelo matemático y el modelo computacional del problema 2 del capítulo 3

3. Construir el modelo matemático y el modelo computacional del problema 3 del capítulo 3

4. Construir el modelo matemático y el modelo computacional del problema 4 del capítulo 3

5. Construir el modelo matemático y el modelo computacional del problema 5 del capítulo 3

CONSTRUCCIÓN DE MODELOS INFORMÁTICOS CONCURRENTES A PARTIR DE LA DINÁMICA DE SISTEMAS

Capítulo 5

INTRODUCCIÓN A LA PROGRAMACIÓN CONCURRENTE[1]

Definiciones Básicas

Programa Concurrente
Un **Programa Concurrente** es un programa que tiene más de una línea lógica de ejecución, es decir, es un programa que varias partes del mismo se ejecutan simultáneamente. Un programa concurrente puede ejecutarse en varios procesadores simultáneamente o no.

Programa Paralelo
Un Programa Paralelo es un programa concurrente diseñado para su ejecución en un hardware paralelo.

Programa Distribuido
Un Programa Distribuido es un programa paralelo diseñado para su ejecución en una red de procesadores autónomos que no comparten la memoria.

Proceso
Se denomina **Proceso** es un programa en ejecución con su entorno asociado. Un proceso presenta varios Estados: **En Ejecución,** si tiene asignada la CPU; **Listo o Preparado,** si pudiera utilizar la CPU en caso de haber una disponible; **Bloqueado,** si esta esperando que suceda algún evento antes de poder seguir la ejecución.

Procesos Concurrentes o Hilos
Los **Procesos Concurrentes o Hilos** son los subprocesos que genera un proceso de un programa concurrente.

---

[1] Confrontar lo expuesto con Lea, 2001 y Carretero, 2001

Sección Crítica

La **Sección Crítica** es la región de código del proceso concurrente en donde realizará su tarea más importante, en la que se tendrá acceso exclusivo a los recursos y/o datos compartidos, y los demás hilos que los necesiten el acceso, permanecerán en espera.

Mientras un Hilo se encuentre en su sección crítica, los demás pueden continuar su ejecución fuera de sus secciones críticas. Cuando un Hilo abandona su sección critica, entonces debe permitírsele proceder a otros Hilos que esperan entrar en su propia sección crítica, en el caso de que hubiera un proceso en espera.

Las secciones críticas deben ser ejecutadas lo más rápido que se pueda y ningún hilo debe bloquearse dentro de su sección crítica.

Principios de la Concurrencia

Cuando dos o más hilos llegan al mismo tiempo a ejecutarse y existe una relación **(Sinergia)** entre ellos (o que sean subsistemas de un Sistema), se dice que se ha presentado una concurrencia de procesos. La Sinergia entre dos procesos concurrentes está fundamentada en la *Cooperación* para la realización de un determinado trabajo y en el *Uso de Información y/o recursos Compartidos*.

Comunicación entre Hilos

La **Comunicación entre Hilos** implica el intercambio de información entre ellos, ya sea por medio de un mensaje implícito o a través de un tipo especial de variables denominadas *Variables Compartidas* que son accesibles al código de esos hilos. Por consiguiente, la Comunicación de Hilos consigue que la ejecución de un proceso concurrente influya en la ejecución de otro.

Sincronización de Hilos

La **Sincronización de Hilos** es habitualmente necesaria para preservar la integridad de las Variables Compartidas. La Sincronización no permite que dos hilos distintos accedan recursos y/o informaciones compartidas al tiempo, sino por el contrario se genera un ambiente de intercambio de información de control que permite garantizar a un Proceso Concurrente el uso exclusivo de un recurso en pro de la integridad.

Competencia de Hilos

La **Competencia de Hilos** ocurre cuando el hilo requiere el uso exclusivo de un recurso, como por ejemplo cuando dos procesos compiten por utilizar la misma variable compartida.

Cooperación entre Hilos

La ***Cooperación entre Hilos*** ocurre cuando dos o más trabajan en distintas partes del mismo problema utilizando la Comunicación y a la Sincronización.

Características de los Procesos Concurrentes

Indeterminismo

A diferencia de las tareas a realizar especificadas en un programa secuencial que son de orden total, las tareas de un programa concurrente son de orden parcial; producto de la incertidumbre existente en el orden exacto de ocurrencia de determinados sucesos, es decir, existe un ***Indeterminismo*** en la ejecución. En palabras simples, si se ejecuta un programa concurrente repetidas veces con los mismos datos de entrada puede producirse resultados diferentes.

Sinergia entre Hilos

Las manifestaciones de la Sinergia entre Procesos Concurrentes o Hilos la podemos identificar así:

- Los Hilos comparten recursos y compiten por su acceso.
- Los Hilos se comunican para intercambiar datos.
- Gestión de recursos: Un Hilo que desee utilizar un recurso compartido debe solicitar dicho recurso, esperar a adquirirlo, utilizarlo y después liberarlo.
- Comunicación: La comunicación puede ser síncrona, cuando los Hilos necesitan sincronizarse para intercambiar los datos; o asíncrona, cuando el Hilo que suministra los datos no necesita esperar a que el Hilo receptor los recoja, ya que los deja en un buffer de comunicación temporal.

Problemas de la Concurrencia

Violación de la Exclusión Mutua

La ***Violación de la Exclusión Mutua*** se presenta cuando dos Hilos ejecutan al tiempo sus secciones críticas accesando al mismo recurso, lo cuan originaría resultados impredecibles. Para garantizar la exclusión mutua tenemos las siguientes opciones:

- **Semáforos**. Un semáforo es una variable contador que controla la entrada a la región critica. Las operaciones P o WAIT y V o SIGNAL controlan, respectivamente, la entrada y salida de la región critica.
- Una solución es la de dormir el proceso (SLEEP) cuando está a la espera de un determinado evento, y despertarlo WAKEUP cuando se produce dicho evento.

Bloqueo mutuo

Un Hilo se encuentra en estado de bloqueo mutuo si está esperando por un suceso que nunca ocurrirá. Existen cuatro condiciones para que se pueda producir el bloqueo mutuo:

- Los Hilos necesitan mantener ciertos recursos exclusivos mientras esperan por otros.
- Los Hilos necesitan acceso exclusivo a los recursos.
- Los recursos no se pueden obtener de los Hilos que están a la espera.
- Existe una cadena circular de Hilos en la cual cada uno posee uno o más de los recursos que necesita el siguiente de la cadena.

Retraso indefinido

Un Hilo se encuentra en Retraso Indefinido cuando espera que se le asigne un recurso pero nunca se le asigna. Por ejemplo la liberación de un recurso o una variable compartida.

CONCURRENCIA EN JAVA[1]

Introducción

El lenguaje Java soporta la programación concurrente por intermedio de la clase *Thread*, la cual contiene métodos que permiten crear, controlar y utilizar los Hilos de forma correcta.

Una forma de crear un Hilo es construir una subclase de la clase *Thread*. Dentro de esta subclase se debe definir su método público denominado *run()*. En este método se debe colocar el código de la sección crítica. Debe crearse una una instancia de la subclase (Utilizando la sentencia *new*), y para ejecutar el hilo deberá hacer una llamada al método *start ( )* para que ejecute el método *run ( )*.

Métodos de la Clase Thread

- **Método start:** Se utiliza para iniciar la ejecución del cuerpo de un Thread, que se encuentra definido en el método *run ( )*.
- **Método stop:** Se usa para finalizar la ejecución de un Thread. No importará lo que el Thread esté haciendo, se considerará muerto, se eliminará su estado interno y se liberarán los recursos que estuviera empleando.
- **Método suspend:** Suspende momentáneamente la ejecución del Thread.
- **Método resume:** Se usa para reactivar la ejecución de un Thread suspendido.
- **Método sleep:** Coloca al Thread a la espera durante el tiempo especificado en el parámetro.

---

[1] Jaworsky, 1999; y Deldel & Deitel, 1999

ESTRUCTURA DEL MODELO INFORMÁTICO CONCURRENTE

Programación Estructurada Concurrente

La estructura del Modelo Informático Concurrente en el paradigma de la programación estructurada es la siguiente:

Los subsistemas de Nivel corresponden a **Variables Compartidas,** mientras que tanto los Flujos de Entrada como los Flujos de Salida representan a **Procesos Concurrentes,** con la capacidad de acceder a los niveles que les son propios, en la forma apropiada.

Programación Orientada por Objetos

En el paradigma de la **Programación Concurrente Orientada a Objetos,** se tienen en cuenta las características de la Estructura del Modelo Informático de la programación estructurada concurrente, para diseñar a los subsistemas de nivel como Objetos que tienen la función de administrar las *informaciones compartidas,* y por su parte, los subsistemas de Flujos continúan siendo *Procesos Concurrentes* con las mismas funciones.

Construcción de Objetos[1]

Niveles.
Los Niveles en el Modelo Informático Concurrente son construidos como Objetos que controlan a las variables compartidas. La estructura general de la construcción es la que se muestra a continuación (Utilizando el Lenguaje Java):

```java
// Lista de Clases Importadas
public class Nombre_Nivel {
   // Variables privadas de almacenamiento
      private long Valor = 0;

   // Constructor
   public Nombre_Nivel (long Variable_Compatida) {
      Valor = Variable_Compatida
   }// fin contructor

    // Método Modificador del Nivel
      public synchronized void setValor(long x) {
```

---

[1] Ibid; y Jayanes, 1998

```
            Valor = x;
    }

    // Método que Obtiene el Estado o Valor del Nivel
        public synchronized long getValor() {
            return Valor;
        }

} // fin de la clase
```

Flujos de Entrada

Los Flujos de Entrada en el Modelo corresponden a Hilos que accesan a niveles aumentando sus valores. A continuación se describe su estructura general:

```
// Lista de Clases Importadas

public class Nombre_Flujo_Entrada extends Thread{

  // Objeto de Nivel Asociado
      private Nombre_Nivel m;

// Contructor
      public Nombre_Flujo_Entrada (Nombre_Nivel n){
          m = n;
      }// fin contructor

// Cuerpo de Ejecución
      public void run(){

      // Variables Locales
        long v;

        while(true){
          try{
          // Se halla el Valor a Aumentar
              v = (long)(100000+300000*Math.random());

          // Se modifica el Nivel
                m.setValor(v + m.getValor());

          // Se duerme el hilo
```

```
                    sleep((long)(5000*Math.random()));

            }catch(Exception e){}

        }// fin while

    }// fin run
}// fin de la clase
```

Flujos de Salida

Al Igual que los Flujos de Entrada, los Flujos de Salida en el Modelo corresponden a los Hilos. La diferencia radica en que estos últimos decrementan el valor de los Objetos Niveles. Se estructura general es la siguiente:

```
// Lista de clases importadas

public class Nombre_Flujo_Salida extends Thread{

  // Objeto de Nivel Asociado
      private Nombre_Nivel m;

  // Contructor
      public Nombre_Flujo_Salida (Nombre_Nivel n){
          m = n;
      }// fin contructor

// Cuerpo de Ejecución

    public void run(){

    // Variables Locales
      long v;

        while(true){
            try{
                // Se halla el Valor a Decrementar
                  v = (long)(100000+300000*Math.random());

                // Se modifica el Nivel
                    m.setValor(m.getValor()-v );
```

```
                // Se duerme el hilo
                    sleep((long)(5000*Math.random()));

        }catch(Exception e){}

    }// fin while

  }// fin run
}// fin de la clase
```

Nota: Podemos agregar que los demás subsistemas son equivalentes al de los del Modelo Informático no Concurrente.

PROBLEMA DE LA CUENTA DE AHORROS

Enunciado

Juan desea abrir una cuenta de ahorros en un banco de la ciudad para que sus clientes locales le consignen pagos y abonos de los trabajos de construcción de Software orientado hacia la Web que él les desarrolla.

Sabe de antemano que sus clientes le abonan en partidas que van desde 100.000 a 400.000 a cualquier hora del día. Juan tiene por costumbre retirar como mínimo 50.000 y como máximo 150.000, pero, si no tiene en saldo la cantidad que necesita, no retira, espera más consignaciones.

Nota: Asuma que las leyes del país no permiten a los ahorradores ganar interés.

Objetivo del Sistema

Calcular el saldo de la cuenta de ahorros en Tiempo Real (Online).

Diagrama Sinérgico

El diagrama Sinérgico es el siguiente:

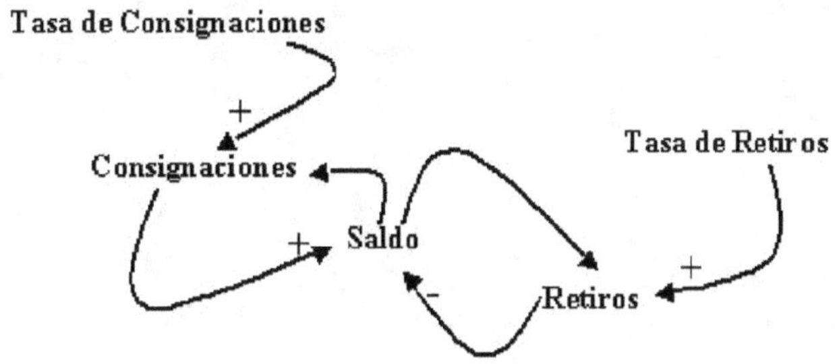

Construcción de modelos informáticos concurrentes 69

Figura 32. Diagrama Sinérgico del Caso Cuenta de Ahorros

Diagrama de Forrester

El Diagrama de Forrester es el Siguiente (Figura 33)

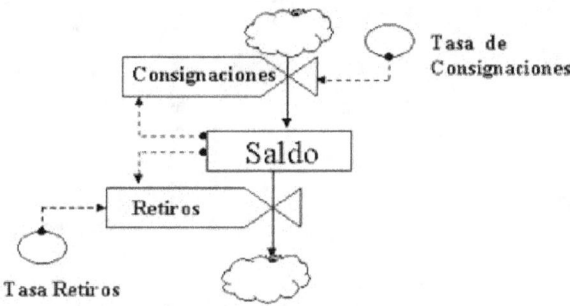

Figura 33. Diagrama de Forrester del Caso Cuenta de Ahorros

Modelo Matemático

El Modelo Matemático es el Siguiente:

(1) ***Consignaciones*** = 100000+300000*Math.random()
(2) ***Retiros*** = 4000*Math.random()
(3) ***Saldo = Saldo + Consignaciones – Retiros***

Modelo Informático

El Modelo Informático consta de cuatro (4) clases principales: La clase niveles, la clase cong (Consignaciones), la clase retiros y la clase pal (Principal).

Listado de la clase niveles

```java
import javax.swing.*;

class niveles {
    private long Saldo;
    private  DefaultListModel mo;
    public niveles(long s,  DefaultListModel no) {  Saldo = s; mo = no; }
    public void setSaldo(long x) { Saldo = x; }
    public long getSaldo() { return Saldo; }
    public void setLista(String x) { mo.addElement(x); }
} // fin de la clase
```

Listado de la Clase cong

```java
class cong extends Thread{
     private niveles m;
     public cong (niveles n){ m = n; }
     public void run(){
          long valor;
    String s;
         while(true){
           try{
                valor = (long)(100000+300000*Math.random());
                m.setSaldo(valor + m.getSaldo());
                s = "Se congsignó: $"+valor ;
                s = s + "   Saldo actual es $"+m.getSaldo();
                m.setLista(s);
                sleep((long)(5000*Math.random()));
             }catch(Exception e){}
         }
     }
}
```

Listado de la Clase retiros

```java
class retiros extends Thread{
     private niveles m;

     public retiros (niveles n){ m = n; }

     public void run(){
          long valor;
```

```
        String s;
            while(true){
                try{
                        sleep((long)(4000*Math.random()));
                        valor = (long)(50000+100000*Math.random());
                        if(valor > m.getSaldo()){
                                s = "No se Pudo Retirar: $";
                                s =  s + valor +" Saldo alctual es";
                                s = s + "$"+m.getSaldo();
                        }else{
                                m.setSaldo( m.getSaldo()-valor);
                                s = "Se Retiró: $"+valor ;
                                s = s + " Saldo actual es $";
                                s = s +m.getSaldo();
                        }
                        m.setLista(s);


                }catch(Exception e){}
            }
        }
}
```

Listado de la Clase pal

```
// paquetes necesarios
   import java.awt.event.*;
   import java.awt.*;
   import javax.swing.*;

public class pal extends Jframe implements ActionListener{
// Botones utilizados
     private JButton Ejecutar = new JButton("Ejecutar");
     private JButton Parar = new JButton("Parar");
     private JButton Salir = new JButton("Salir");
     private DefaultListModel modelo = new DefaultListModel();
     private JList Lista = new JList(modelo);
     private JScrollPane pd = new JScrollPane(Lista);
     private JPanel Fila1 = new JPanel();
     private niveles SALDO;
     private cong CON;
     private retiros RET;
```

```java
    private long VALOR=0;

// Contructor sin paramertros
    public pal() {
      String s;
      s = "Simulación Concurrente de una Cuenta de Ahorros";
      setTitle(s);
      setSize(400,300);
      Container Cont = getContentPane();
      Cont.setLayout(new BorderLayout());

    // Colocación de los objetos en la pantalla
      Fila1.setLayout(new GridLayout(1,3));
      Fila1.add(Ejecutar);
      Ejecutar.addActionListener(this);
      Fila1.add(Parar);
      Parar.addActionListener(this);
      Fila1.add(Salir);
      Salir.addActionListener(this);
      Cont.add(Fila1,"North");
      Cont.add(pd,"Center");
      Ejecutar.setEnabled(true);
      Parar.setEnabled(false);
      setVisible(true);
   } // fin constructor

// Controlador principal de  acciones de los botones
   public void actionPerformed(ActionEvent ae){
       String s =(String)ae.getActionCommand();
       if(s.equals("Ejecutar")){
          Ejecutar_Click();
          } else {
              if(s.equals("Parar")){
                    Parar_Click();

              } else {
              Parar_Click();
              System.exit(0);}
          }

     } // Fin actionPer
```

```java
// Acción del Botón Ejecutar
   private void Ejecutar_Click() {
      String s;
      s = JOptionPane.showInputDialog("Diga el Saldo Inicial");
      VALOR = Long.parseLong(s);
      SALDO = new niveles(VALOR, modelo);
      CON = new cong(SALDO);
      RET = new retiros(SALDO);
      CON.start();
      RET.start();
      Ejecutar.setEnabled(false);
      Parar.setEnabled(true);


   }  // fin ejecutar
    private void Parar_Click(){
        CON.stop();
        RET.stop();
        Parar.setEnabled(false);

     }// fin Parar_Click

// Función principal
   public static void main(String[] arg) {

         pal frm =  new pal();

 }// fin main
}// Fin de la clase
```

PROBLEMAS DE CAPITULO

1. Construir el modelo computacional concurrente del problema siguiente: Una compañía de comercialización de carros vende por medio de su sitio web automóviles de diferentes marcas a razón de 20 a 33 carros familiares al mes, de 3 a 17 camionetas y de 2 a 10 buses en el mismo periodo de tiempo; los carros vendidos son entregados a los tres días a los clientes después de hacer la compra. En las 20 sucursales que tiene en el país, vende en cada una de ellas (con una distribución uniforma) a razón de 10 a 15 carros familiares, de 5 a 10 camionetas y de 5 a 7 buses al mes.

2. Construir el modelo computacional concurrente del siguiente caso: En el Programa de Ingeniería de Sistemas de la Universidad XYZ cada semestre académico se presenta lo siguiente:
   - Entran a primer semestre entre 25 a 85 estudiantes nuevos.
   - En los semestres de segundo a séptimo, por transferencia externa entran de 0 a 10 estudiantes.
   - En todos los semestres, es decir de primero a décimo, pierden el semestre del 10 al 33% de los estudiantes.
   - En todos los semestres, es decir de primero a décimo, se retiran del programa 0 al 2% de los estudiantes.

CONSTRUCCIÓN DE MODELOS INFORMÁTICOS CLIENTE/SERVIDOR A PARTIR DE LA DINÁMICA DE SISTEMAS

Capítulo 6

INTRODUCCIÓN A LA PROGRAMACIÓN CLIENTE SERVIDOR

Modelo Cliente Servidor[1]

El modelo Cliente/Servidor describe la sinergia entre dos procesos, que se ejecutan simultáneamente. Este modelo se basa en una comunicación que consiste en una serie de preguntas y respuestas, una aplicación comienza la ejecución y espera a que la otra le responda y luego continúa de este manera el proceso. En este modelo se distinguen dos puntos de vista:

Punto de Vista del Cliente: Es la aplicación que inicia la comunicación y es dirigida por el usuario. Los clientes realizan generalmente funciones como:

- Manejo de la interface del usuario.
- Captura y validación de los datos de entrada.
- Generación de consultas e informes sobre las bases de datos.

Punto de Vista del Servidor: Es la aplicación que responde a los requisitos de los clientes. Son procesos que se están ejecutando indefinidamente. Los servidores tienen las siguientes funciones:

- Control de accesos concurrentes a recursos compartidos.
- Enlaces de comunicaciones con otras redes.
- Un cliente al solicitar un servicio el servidor correspondiente le responde proporcionándolo.

En el diseño de los servidores se debe incluir rutinas para el manejo adecuado de:

---

[1] Ortali et al, 1998

- **Privacidad:** Se debe garantizar que la información privada de un usuario, no sea accedida por alguien no autorizado.
- **Autenticación:** Verificación de la identidad del cliente
- **Autorización:** Realizar verificaciones si un cliente tiene acceso a los servicios proporcionados por el servidor.
- **Seguridad de datos:** Para que estos no puedan ser accedidos inapropiadamente.
- **Protección:** Los datos del sistema y sus aplicaciones no deben ser monopolizados.

Entre las principales características de la arquitectura cliente / servidor, se destacan:

- Los cambios en el servidor implican pocos o ningún cambio en el cliente.
- El cliente no necesita conocer la lógica del servidor, sólo su interface externa.
- El servidor presenta a todos sus clientes una interface única y bien definida.
- El cliente no depende de la ubicación física del servidor, ni del tipo de equipo físico en el que se encuentra, ni de su sistema operativo.

Componentes esenciales de la infraestructura Cliente/Servidor[1]

Una infraestructura Cliente/Servidor consta de tres componentes esenciales, ellos son:

Plataforma Operativa. La plataforma deberá soportar todos los modelos de distribución Cliente/Servidor, todos los servicios de comunicación, y deberá utiliza componentes estándar de la industria para los servicios de distribución.

Entorno de Desarrollo de Aplicaciones. Un entorno de de desarrollo de aplicaciones debe posibilitar la coexistencia de procesos cliente y servidor desarrollados mediante distintos lenguajes de programación y/o herramientas.

Gestión de Sistemas. Aunque no se pueden evitar las funciones de gestión de sistemas (ellas aumentan considerablemente el costo de una solución informática y deben acoplarse a las necesidades de la organización), son necesarias al considerar los aspectos siguientes:

- ¿Qué necesitamos gestionar?
- ¿Dónde estarán situados los procesadores y estaciones de trabajo?
- ¿Cuántos tipos distintos se soportarán?

---

[1] Confrontar con Ibid y Tanambaum, 1992

- ¿Qué tipo de soporte es necesario y quién lo proporciona?

Ventajas

Aumento de la productividad:

- Los usuarios pueden utilizar herramientas que le son familiares, como procesadores de palabras, hojas de cálculo y herramientas de acceso a bases de datos.
- Mediante la integración de las aplicaciones cliente / servidor con las aplicaciones personales de uso habitual, los usuarios pueden construir soluciones particularizadas que se ajusten a sus necesidades cambiantes.
- Una interface gráfica de usuario consistente, reduce el tiempo de aprendizaje de las aplicaciones.

Menores costos de operación:

- Permiten un mejor aprovechamiento de los sistemas existentes, protegiendo la inversión. Por ejemplo, la compartición de servidores (habitualmente caros) y dispositivos periféricos (como impresoras) entre máquinas clientes, permite un mejor rendimiento del conjunto.
- Se pueden utilizar componentes, tanto de hardware como de software, de varios fabricantes, lo cual contribuye considerablemente a la reducción de costos y favorece la flexibilidad en la implantación y actualización de soluciones.
- Proporcionan un mejor acceso a los datos. La interface de usuario ofrece una forma homogénea de ver el sistema, independientemente de los cambios o actualizaciones que se produzcan en él y de la ubicación de la información.
- El movimiento de funciones desde un computador central hacia servidores o clientes locales, origina el desplazamiento de los costos de ese proceso hacia máquinas más pequeñas y por tanto, más baratas.

Inconvenientes

- Hay una alta complejidad tecnológica al tener que integrar una gran variedad de productos.
- Requiere un fuerte rediseño de todos los elementos involucrados en los sistemas de información.
- Es más difícil asegurar un elevado grado de seguridad en una red de clientes y servidores que en un sistema con un único computador centralizado. Se deben hacer verificaciones en el cliente y en el servidor.

PROGRAMACIÓN CLIENTE SERVIDOR EN JAVA

Introducción a TCP/IP[1]

En esta sección vamos a explorar una de las características más interesantes de Java: su capacidad para integrarse en redes TCP/IP. Esto permite usar este lenguaje para construir aplicaciones distribuidas en muy poco tiempo.

Direcciones IP

Todos los equipos conectados a una red IP, que utiliza el *Internet Protocol* se distinguen una de otra por su **dirección IP.** La dirección IP es un número de 32 bits, suele expresarse en forma de 4 números decimales separados por puntos. Cada uno de estos números se corresponde con 8 bits de la dirección IP. Por ejemplo: 205.45.157.88. Esta dirección IP puede ser fija o puede ser distinta cada vez que la máquina se conecta a la red. Esto es lo que ocurre a casi todos los usuarios que se conectan a Internet a través de la línea telefónica.

Nombres de dominio

Estos **nombres de dominio** son cadenas alfanuméricas, fáciles de recordar, que tiene asociada una única dirección IP. Por ejemplo, **Vulcano.com** es el nombre de dominio asociado con la dirección IP 205.45.157.88. Los Domain Name Server (DNS) son los encargados de traducir los nombres de dominios en dirección IP. Estos servidores mantienen unas tablas de correspondencias entre direcciones y dominios.

Puertos

La forma general de establecer una comunicación a través de Internet es:

1. Indicar la dirección IP de la máquina con la que queremos conectar.
2. Especificar el número de puerto dentro de esa máquina a través del cual queremos establecer la comunicación.

Existen puertos ya con usos preestablecidos (Estándar RFC 1700):

- el puerto 80 el servidor HTTP (servidor Web)
- el puerto 21, el servidor FTP
- el puerto 25 para SMTP (correo electrónico)

---

[1] Confrontar con Tanambaum, 1997

Comunicación mediante el protocolo TCP[1]

La clase InetAddress
La forma de crear un objeto InetAddress es mediante el método estático InetAddress.getByName(String), que recibe un nombre de host en notación alfanumérica. Por ejemplo "www.tgs.com" o "204.45.157.88" y devuelve un objeto InetAddress con esa dirección. Además, si la dirección no existe o no puede ser encontrada, este método lanza una UnknownHostException. Si queremos enviar paquetes a nuestra propia máquina hay que usar como nombre de host la dirección "localhost" o "127.0.0.1". También podemos usar el método InetAddress.getLocalHost(), que devuelve un objeto InetAddress que "apunta" a la máquina local.

la clase Socket[2]
Un objeto java.net.Socket es un "conector" a través del cual enviamos y recibimos datos mediante el protocolo TCP, y lo hacemos como trabajáramos con un flujo InputStream o OutputStream. Veamos el siguiente ejemplo que explica el funcionamiento de la clase Socket:

Ejemplo
Suponiendo que hay un programa "escuchando" en el puerto 1234 de la máquina con dirección IP 209.41.57.70, la inicialización de nuestro Socket sería:

```
InetAddress d = InetAddress.getByName("209.41.57.70");
Socket soc = new Socket(d,1234);
/* Utilizacion del socket */
...
/* Cerramos el socket */
soc.close();
```

Una vez tenemos un Socket abierto con otra máquina, podemos obtener un flujo de entrada o de salida para poder recibir o transmitir datos. Esto se hace con los métodos **Socket.getInputStream()** y **Socket.getOutputStream()**:

Veamos un ejemplo donde abrimos un socket, leemos los bytes que nos transmitan desde el otro extremo y los imprimimos en pantalla:

```
InetAddress d = InetAddress.getByName("209.41.57.70");
Socket soc = new Socket(d, 1234);
Inputstream is = soc.getInputStream();
while((int dato = is.read())!=-1){
```

---

[1] Jaworsky, 1996
[2] Deitel & Deitel, 1999

```
    System.out.println("Recibido " + dato);
}
is.close();
soc.close();
```

La clase ServerSocket[1]

La clase java.net.ServerSocket es el mecanismo mediante el cual nuestros programas pueden quedarse "escuchando" en un puerto, esperando conexiones entrantes. La forma general de trabajar con sockets será entonces: Un programa que llamaremos "servidor" crea un ServerSocket en un determinado puerto conocido por el resto de programas.

El servidor queda esperando a que algún cliente intente conectar con él. En el momento en que se establece la conexión, ambos programas (el cliente y el servidor) obtienen un objeto Socket. Mediante objetos InputStream y OutputStream obtenidos a través de los objetos Socket, el cliente y el servidor intercambian datos. Uno de los dos programas cierra la conexión. Veamos como se realiza la parte del servidor. La forma más sencilla de crear un objeto ServerSocket es indicando el número de puerto al constructor:

```
ServerSocket ssoc = new ServerSocket(1234);
/* Utilizamos el objeto ServerSocket */
```

Una vez creado, tenemos que quedarnos esperando a que alguien intente realizar la conexión. Esto se consigue mediante la función ServerSocket.accept(). Esta función espera una conexión entrante, y devuelve un objeto de tipo Socket.

```
ServerSocket ss = new ServerSocket(1234);
  Socket soc = ssoc.accept();
  /* Utilizamos el objeto Socket */
  soc.close();
```

Una vez el servidor tiene el objeto Socket, puede realizar las mismas acciones que el cliente, extraer los flujos de entrada/salida, cerrar la conexión, etc. En el siguiente ejemplo, nuestro servidor espera la conexión entrante y responde con un mensaje de bienvenida:

```
ServerSocket servsock = new ServerSocket(1234);
Socket soc = servsock.accept();

OutputStream obs = s soc.getOutputStream();
```

---

[1] Ibid

```
    String mensaje = "¡Hola! ¿cómo andas?";
    byte[] matriz = mensaje.getBytes();

    obs.write(matriz);
    obs.close();
    s soc.close();
```

De un objeto ServerSocket se pueden obtener muchos objetos Socket diferentes, cada uno independiente de los demás. Por ejemplo, podemos tener un programa que trabaje en el puerto 80 y que asigne cada nueva conexión a un hilo de ejecución distinto. No es necesario que se cierren los objetos Socket previos antes de poder aceptar una nueva conexión. Esto es lo que hace que los servidores Web puedan atender a varias personas al mismo tiempo, sin tener que esperar a terminar con cada cliente antes de atender al siguiente.

Supongamos que tenemos una clase de objetos "MiniServidor", que implementan la interfaz Runnable y que están programados para responder a las peticiones que les llegan a través de un Socket. Una posible implementación para el servidor sería:

```
    Serversocket ss = new ServerSocket(1234);
    while(true){
        Socket s = ss.accept();
        MiniServidor m = new MiniServidor(s);
        Thread t = new Thread(m);
        t.start();
    }
```

Gestión de excepciones[1]
Las excepciones más comunes son:

- **java.io.IOException.** Para los casos en los que haya problemas con la conexión
- **java.net.UnknownHostException.** Cuando especificamos una dirección IP desconocida o incorrecta.

ESTRUCTURA DEL MODELO CLIENTE SERVIDOR

Conservando toda la estructura de los modelos informáticos anteriores, el modelo cliente servidor se define con la siguiente configuración:

- Los subsistemas de nivel son **Servidores de servicios**

---

[1] Jaworsky, 1996

- Los Flujos de entrada y los Flujos de salida corresponden a los **Clientes.**

PROBLEMA DE LA CUENTA DE AHORROS EN LÍNEA

Enunciado

Juan desea abrir una cuenta de ahorros en un banco de la ciudad para que sus clientes locales le consignen pagos y abonos de los trabajos de construcción de Software orientado hacia la Web que él les desarrolla. Sabe de antemano que sus clientes le abonan en partidas que van desde 100.000 a 400.000 a cualquier hora del día. Juan tiene por costumbre retirar como mínimo 50.000 y como máximo 150.000, pero, si no tiene en saldo la cantidad que necesita, no retira, espera más consignaciones. **Nota:** Asuma que las leyes del país no permiten a los ahorradores ganar interés.

Objetivo del Sistema

El objetivo del sistema es calcular el saldo de la cuenta de ahorros en Tiempo Real (OnLine).

Diagrama Sinérgico

El Diagrama Sinérgico se describe en la Figura 31.

Diagrama de Forrester

El Diagrama de Forrester se describe en la Figura 32.

Modelo Matemático

El Modelo Matemático contiene las siguientes ecuaciones:

Aplicaciones Clientes:

*(1) Consignaciones = 100000+300000*Math.random()*
*(2) Retiros = 4000*Math.random()*

Aplicaciones Servidores:
(3) Saldo = Saldo + Consignaciones − Retiros

Modelo Informático

Servidor
El servidor está constituido por los siguientes objetos:

- **servidorThread**. Hilos de servidores que gestiona los servicios a cada uno de los clientes.
- **servidor**. Administrador general de servidores.
- **Mensaje**. Objeto compartido
- **Pal.** Interfaz gráfica del servidor.

Listado de la Clase servidorThread.[1]

El listado es el siguiente:

```java
// responde a al cliente
import java.net.*;
import java.io.*;
import javax.swing.*;

class servidorThread extends Thread{

 private Socket con;
 private String s;
 private DataInputStream Recibir;
 private DataOutputStream Enviar;
 private Mensaje m;

 public servidorThread(Mensaje n, Socket so) {
    try {
       m = n;
       con = so;
       Recibir = new DataInputStream(con.getInputStream());
       Enviar =  new DataOutputStream(con.getOutputStream());

    }catch(Exception e){
        m.setLista("Error en el Servidor. Conexión "+con.getInetAddress());
        e.printStackTrace();
    }

 }// fin constructor

public void run() {
    long v;
    while (true){
      try{
         s = Recibir.readLine();
```

---

[1] Todas la clases fueron construidas con la referencia de programación en java Ibid, Deitel & Deitel y Joyanes, 1998

```
if(s.equals("SALDO")){
    s = "Saldo Actual es:"+m.getSaldo();
    EnviarMensaje(s);
    m.setLista("*************************");
    s = "Envió Saldo a "+con.getInetAddress()+":$"+s;
    m.setLista(s);
    m.setLista("*************************");
}else {
    V = Long.parseLong(s);
    if (v>0){
        m.setSaldo(m.getSaldo()+v);
        s = "Consignación de $"+v+" Realizada. Nuevo Saldo $"+m.getSaldo();
        EnviarMensaje(s);
        m.setLista("*************************");
        s = "Envió a "+con.getInetAddress();
        m.setLista(s);
        s = "Consignación $"+v+" Realizada";
        m.setLista(s);
        s = "Nuevo Saldo $"+m.getSaldo();
        m.setLista(s);
        m.setLista("*************************");
    }else{
        if (v<0&&abs(v)<=m.getSaldo()){// retiros
            m.setSaldo(m.getSaldo()-abs(v));
            s = "Retiro $"+v+" Realizado";
            EnviarMensaje(s);
            S = "Nuevo Saldo $"+m.getSaldo();
            EnviarMensaje(s);
            m.setLista("*************************");
            s = "Envió a "+con.getInetAddress();
            m.setLista(s);
            s = "Retiro $"+v+" Realizado";
            m.setLista(s);
            s = "Nuevo Saldo $"+m.getSaldo();
            m.setLista(s);
            m.setLista("*************************");
        }else {
            s = "Transacción No realizada";
            EnviarMensaje(s);
            m.setLista("*************************");
            s = "Envió a "+con.getInetAddress()+":"+s;
            m.setLista(s);
```

```java
                    m.setLista("*************************");
                }
            }
        }

        }catch(Exception e){
            m.setLista("Error en el Servidor de lectura de Mensaje");
            e.printStackTrace();


        }

    }// fin while
}// fin run

public void EnviarMensaje(String s1) {
    try {
        Enviar.writeBytes(s1);
        Enviar.write(13);
        Enviar.write(10);
        Enviar.flush();

        } catch(Exception e){
            m.setLista("Error Al Enviar Mensaje");
            e.printStackTrace();
        }

    }// fin Enviarmensaje

public void Cerrar() {
    try {
        con.close();
        m.setLista("Servidor Cerró");
        } catch(Exception e){
        m.setLista("Error Al Cerrar");
        e.printStackTrace();
        }

    }// fin Cerrar


private long abs(long x)
{
```

```
    if (x<0)x=-x;
   return x;
 }

} // fin clase
```

Listado de la Clase servidor

El listado se muestra a continuación:

```java
import java.net.*;
import java.io.*;
import javax.swing.*;


class servidor extends Thread{

 private ServerSocket SERVIDOR;
 private String s;
 private Mensaje m;

 public servidor(Mensaje n) {
   m = n;
   try {
     m.setLista("Espere... Conectando el Servidor..");
     SERVIDOR =  new ServerSocket(5000);
     m.setLista( "Direccion IP del Servidor: "+InetAddress.getLocalHost());

    }catch(Exception e){
        m.setLista("Error en el Servidor");
        e.printStackTrace();
     }
}// fin cons


public void run() {

   while (true){
      try{
          Socket con = SERVIDOR.accept();
            (new servidorThread(m,con)).start();
```

```
            }catch(Exception e){
                m.setLista("Error en lectura de Mensaje");
                e.printStackTrace();
         }

      }// fin while

  }// fin run

} // fin clase
```

Listado de la Clase mensaje.

El listado de la clase Mensaje es el siguiente:
```
import javax.swing.*;

class Mensaje {
    private  DefaultListModel mo;
    private long Saldo;

      public Mensaje(DefaultListModel no, long s) {
       mo = no; Saldo = s;

      }
    public void setLista(String x) {
          mo.addElement(x);
    }
    public void setSaldo(long x) {
          Saldo = x;
    }
    public long getSaldo() {
          return Saldo;
    }
} // fin de la clase
```

Listado de la Clase pal.

El listado se describe a continuación:
```
// paquetes necesarios
   import java.awt.event.*;
   import java.awt.*;
```

```java
    import javax.swing.*;

// Clase Principal extiende Jframe
public class pal extends JFrame
        implements ActionListener{

// Botones utilizados
    private JButton B1 = new JButton("Activar Servidor");
    private JButton B3 = new JButton("Salir");
    private DefaultListModel modelo = new DefaultListModel();
    private JList Lista = new JList(modelo);
    private JScrollPane pd = new JScrollPane(Lista);
    private JPanel Fila1 = new JPanel();
    private servidor SERVIDOR;

    private Mensaje MEN;
    private long SALDO;

 // Contructor sin paramertros
    public pal() {

       String s = " Servidor";
       setTitle(s);
       setSize(400,300);
       Container Cont = getContentPane();
       Cont.setLayout(new BorderLayout());

// Colocación de los objetos en la pantalla

       Fila1.setLayout(new GridLayout(1,2));
       Fila1.add(B1);
       B1.addActionListener(this);
       Fila1.add(B3);
       B3.addActionListener(this);

       Cont.add(Fila1,"North");
       Cont.add(pd,"Center");
       setVisible(true);
    } // fin constructor

// Controlador principal de  acciones de los botones
    public void actionPerformed(ActionEvent ae){
```

```
        String s =(String)ae.getActionCommand();

        if(s.equals("Activar Servidor")){
          B1_Click();
          } else {
              System.exit(0);}
} // Fin actionPer

// Acción del Botón Ejecutar
    private void B1_Click() {
      String s;

      SALDO = 0;
      s = JOptionPane.showInputDialog("Diga el Saldo Inicial");
      SALDO = Long.parseLong(s);

      MEN =  new Mensaje(modelo,SALDO);
      SERVIDOR = new servidor(MEN);
      SERVIDOR.start();
      B1.setEnabled(false);
    }  // fin B1

// Función principal
    public static void main(String[] arg) {
        pal frm =  new pal();

  }// fin main
 }// Fin de la clase
```

Cliente Consignaciones

El cliente Consignaciones está constituido por los siguientes objetos:

- **cliente**. Aplicación cliente que solicita los servicios.
- **Mensaje**. Objeto compartido
- **Pal.** Interfaz gráfica del cliente.

Listado de la Clase mensaje

La clase mensaje es la siguiente:

```java
import javax.swing.*;

class Mensaje {
    private  DefaultListModel mo;

    public Mensaje(DefaultListModel no) {mo = no; }
    public void setLista(String x) {mo.addElement(x);}
} // fin de la clase
```

Listado de la Clase cliente.

El listado es el siguiente:

```java
import java.net.*;
import java.io.*;
import javax.swing.*;
class cliente extends Thread{


 private Socket con;
 private String s;
 private int res;
 private DataInputStream Recibir;
 private DataOutputStream Enviar;
 private Mensaje m;

 public cliente(Mensaje n) {
   m = n;
   try {
     s = "Diga La dirección del Servidor";
     s = JOptionPane.showInputDialog(s);

     m.setLista("Espere... Conectando el Cliente..");
     con = new Socket(InetAddress.getByName(s),5000);
     m.setLista( "Conectado Clente a IP del Servidor: "+con.getInetAddress());

     Recibir = new DataInputStream(con.getInputStream());
     Enviar =  new DataOutputStream(con.getOutputStream());

   }catch(Exception e){
     m.setLista("Error en el Servidor");
     e.printStackTrace();
```

```
        }


}// fin constructor

public void run() {

    while (true){
      try{
         s = Recibir.readLine();
         if (s!=""){
             m.setLista("Mensaje Recibido: "+s);
         }// fin if
      }catch(Exception e){
         m.setLista("Error en el Cliente ");
         e.printStackTrace();
      }

    }// fin while
}// fin run

public void EnviarMensaje() {
       try {
           s = "Diga La Cantidad a Consignar";
           s = JOptionPane.showInputDialog(s);
           Enviar.writeBytes(s);
           Enviar.write(13);
           Enviar.write(10);
           Enviar.flush();
            m.setLista("El Cliente Envió Consignación de $'"+s+"'");

       } catch(Exception e){
           m.setLista("Error Al Enviar Mensaje");
           e.printStackTrace();
       }

    }// fin Enviarmensaje

public void Cerrar() {
       try {
          con.close();
           m.setLista("Cliente Cerró");
```

```
        } catch(Exception e){
           m.setLista("Error Al Cerrar");
           e.printStackTrace();
        }

    }// fin Cerrar

} // fin clase
```

Listado de la Clase pal.

La clase pal se describe a continuación:

```
// paquetes necesarios
   import java.awt.event.*;
   import java.awt.*;
   import javax.swing.*;

// Clase Principal extiende Jframe
  public class pal extends JFrame
        implements ActionListener{

  // Botones utilizados
     private JButton B2 = new JButton("Acción Cliente");
     private JButton B3 = new JButton("Salir");
     private DefaultListModel modelo = new DefaultListModel();
     private JList Lista = new JList(modelo);
     private JScrollPane pd = new JScrollPane(Lista);
     private JPanel Fila1 = new JPanel();
     private cliente CLIENTE;
     private Mensaje MEN;


   // Contructor sin paramertros
      public pal() {

         String s;
         S = "Cliente Consignación";
         setTitle(s);
         setSize(400,300);
         Container Cont = getContentPane();
         Cont.setLayout(new BorderLayout());
```

```java
// Colocación de los objetos en la pantalla

    Fila1.setLayout(new GridLayout(1,2));
    Fila1.add(B2);
    B2.addActionListener(this);
    Fila1.add(B3);
    B3.addActionListener(this);

    Cont.add(Fila1,"North");
    Cont.add(pd,"Center");
    setVisible(true);

    MEN = new Mensaje(modelo);

    CLIENTE = new cliente(MEN);
    CLIENTE.start();


  } // fin constructor

// Controlador principal de  acciones de los botones
   public void actionPerformed(ActionEvent ae){

      String s =(String)ae.getActionCommand();

        if(s.equals("Acción Cliente")){
           B1_Click();
             } else {
                System.exit(0);
             }

    } // Fin actionPer

// Acción del Boton Ejecutar

    private void B1_Click(){

       CLIENTE.EnviarMensaje();

    }// fin B2
```

```
// Función principal
   public static void main(String[] arg) {
       pal frm = new pal();


 }// fin main
}// Fin de la clase
```

Cliente Retiros

El cliente Retiros está constituido por los siguientes objetos:

- **cliente**. Aplicación cliente que solicita los servicios.
- **Mensaje**. Objeto compartido
- **Pal.** Interfaz gráfica del cliente.

Listado de la Clase mensaje

El Listado de la clase mensaje es:

```
import javax.swing.*;

class Mensaje {
    private  DefaultListModel mo;
    public Mensaje(DefaultListModel no) {mo = no;}
    public void setLista(String x) {mo.addElement(x);}
} // fin de la clase
```

Listado de la Clase cliente

El listado se muestra a continuación:

```
import java.net.*;
import java.io.*;
import javax.swing.*;
class cliente extends Thread{

 private Socket con;
 private String s;
 private int res;
 private DataInputStream Recibir;
 private DataOutputStream Enviar;
 private Mensaje m;
```

```java
public cliente(Mensaje n) {
  m = n;
  try {
    s = "Diga La dirección del Servidor";
    s = JOptionPane.showInputDialog(s);

    m.setLista("Espere... Conectando el Cliente..");
    con = new Socket(InetAddress.getByName(s),5000);
    m.setLista( "Conectado Cliente a IP del Servidor: "+con.getInetAddress());

    Recibir = new DataInputStream(con.getInputStream());
    Enviar =  new DataOutputStream(con.getOutputStream());

  }catch(Exception e){
     m.setLista("Error en el Servidor");
     e.printStackTrace();
  }
}// fin cons

public void run() {
 while (true){
 try{
  s = Recibir.readLine();
  if (s!=""){
     m.setLista("Mensaje Recibido: "+s);
  }// fin if
 }catch(Exception e){
   m.setLista("Error en el Cliente de lectura de Mensaje");
   e.printStackTrace();
  }

 }// fin while
}// fin run

public void EnviarMensaje() {
     try {
         s = "Diga La Coantidad a Retirar";
         s = JOptionPane.showInputDialog(s);
         s = "-"+s;
         Enviar.writeBytes(s);
         Enviar.write(13);
```

```
            Enviar.write(10);
            Enviar.flush();
            m.setLista("El Cliente Envió Retiro de $'"+s+"'");

        } catch(Exception e){
            m.setLista("Error Al Enviar Mensaje");
            e.printStackTrace();
        }

    }// fin Enviarmensaje

public void Cerrar() {
        try {
            con.close();
            m.setLista("Cliente Cerró");
        } catch(Exception e){
            m.setLista("Error Al Cerrar");
            e.printStackTrace();
        }

    }// fin Cerrar
} // fin clase
```

Listado de la Clase pal.

El listado se describe a continuación:

```
// paquetes necesarios
   import java.awt.event.*;
   import java.awt.*;
   import javax.swing.*;

  // Clase Principal extiende Jframe
   public class pal extends JFrame implements ActionListener{

  // Botones utilizados
     private JButton B2 = new JButton("Acción Cliente");
     private JButton B3 = new JButton("Salir");
     private DefaultListModel modelo = new DefaultListModel();
     private JList Lista = new JList(modelo);
     private JScrollPane pd = new JScrollPane(Lista);
     private JPanel Fila1 = new JPanel();
```

```java
        private cliente CLIENTE;
        private Mensaje MEN;


    // Contructor sin paramertros
        public pal() {
          String s;
          s = "Cliente Retiro";
          setTitle(s);
          setSize(400,300);
          Container Cont = getContentPane();
          Cont.setLayout(new BorderLayout());

// Colocación de los objetos en la pantalla

          Fila1.setLayout(new GridLayout(1,2));
          Fila1.add(B2);
          B2.addActionListener(this);
          Fila1.add(B3);
          B3.addActionListener(this);

          Cont.add(Fila1,"North");
          Cont.add(pd,"Center");
          setVisible(true);

          MEN = new Mensaje(modelo);

          CLIENTE = new cliente(MEN);
          CLIENTE.start();

      } // fin constructor

// Controlador principal de  acciones de los botones
        public void actionPerformed(ActionEvent ae){

          String s  = (String)ae.getActionCommand();

            if(s.equals("Acción Cliente")){
                B1_Click();
                  } else {
                      System.exit(0);
                }
```

```
    } // Fin actionPer

// Acción del Boton Ejecutar

   private void B1_Click(){
       CLIENTE.EnviarMensaje();

   }// fin B2

// Función principal
   public static void main(String[] arg) {
       pal frm =  new pal();
 }// fin main
}// Fin de la clase
```

Clase Cliente Saldos

El cliente Saldos está constituido por los siguientes objetos:

- **cliente**. Aplicación cliente que solicita los servicios.
- **Mensaje**. Objeto compartido
- **Pal.** Interfaz gráfica del cliente.

Listado de la Clase mensaje.

El listado es el siguiente:

```
import javax.swing.*;

class Mensaje {
    private  DefaultListModel mo;

    public Mensaje(DefaultListModel no) {mo = no;}
    public void setLista(String x) {mo.addElement(x);}
} // fin de la clase
```

Listado de la Clase cliente.

El listado se describe a continuación:

```
import java.net.*;
import java.io.*;
import javax.swing.*;
```

```java
class cliente extends Thread{

 private Socket con;
 private String s;
 private int res;
 private DataInputStream Recibir;
 private DataOutputStream Enviar;
 private Mensaje m;

 public cliente(Mensaje n) {
   m = n;
   try {
     s = "Diga La dirección del Servidor";
     s = JOptionPane.showInputDialog(s);

     m.setLista("Espere... Conectando el Cliente..");
     con = new Socket(InetAddress.getByName(s),5000);
     m.setLista( "Conectado Clente a IP del Servidor:"+con.getInetAddress());

     Recibir = new DataInputStream(con.getInputStream());
     Enviar =  new DataOutputStream(con.getOutputStream());

   } catch(Exception e){
     m.setLista("Error en el Servidor");
     e.printStackTrace();
   }

 }// fin constructor

 public void run() {

    while (true){
      try{
         s = Recibir.readLine();
         if(s!=""){
              m.setLista("Mensaje Recibido: "+s);
         }// fin if
      }catch(Exception e){
            m.setLista("Error en el Cliente de lectura de Mensaje");
            e.printStackTrace();
```

```
            }

        }// fin while
    }// fin run

    public void EnviarMensaje() {
        try {
            s = "SALDO";
            Enviar.writeBytes(s);
            Enviar.write(13);
            Enviar.write(10);
            Enviar.flush();
            m.setLista("El Cliente Envió Consulta de Saldo");

        } catch(Exception e){
            m.setLista("Error Al Enviar Mensaje");
            e.printStackTrace();
        }

    }// fin Enviarmensaje

public void Cerrar() {
    try {
        con.close();
        m.setLista("Cliente Cerró");
    } catch(Exception e){
        m.setLista("Error Al Cerrar");
        e.printStackTrace();
    }
  }// fin Cerrar
} // fin clase
```

Listado de la Clase pal.

El listado es:

```
// paquetes necesarios
   import java.awt.event.*;
   import java.awt.*;
   import javax.swing.*;

   // Clase Principal extiende Jframe
   public class pal extends JFrame
```

```java
            implements ActionListener{

// Botones utilizados
    private JButton B2 = new JButton("Acción Cliente");
    private JButton B3 = new JButton("Salir");
    private DefaultListModel modelo = new DefaultListModel();
    private JList Lista = new JList(modelo);
    private JScrollPane pd = new JScrollPane(Lista);
    private JPanel Fila1 = new JPanel();
    private cliente CLIENTE;
    private Mensaje MEN;


  // Contructor sin paramertros
     public pal() {

        String s;
        s = "Cliente SALDO";
        setTitle(s);
        setSize(400,300);
        Container Cont = getContentPane();
        Cont.setLayout(new BorderLayout());

// Colocación de los objetos en la pantalla

        Fila1.setLayout(new GridLayout(1,2));
        Fila1.add(B2);
        B2.addActionListener(this);
        Fila1.add(B3);
        B3.addActionListener(this);
        Cont.add(Fila1,"North");
        Cont.add(pd,"Center");
        setVisible(true);
        MEN = new Mensaje(modelo);
        CLIENTE = new cliente(MEN);
        CLIENTE.start();
    } // fin constructor

  // Controlador principal de  acciones de los botones
    public void actionPerformed(ActionEvent ae){
        String s  = (String)ae.getActionCommand();
```

```java
            if(s.equals("Acción Cliente")){
            B1_Click();
              } else {
                System.exit(0);
            }

    } // Fin actionPer

// Acción del Boton Ejecutar

    private void B1_Click(){

       CLIENTE.EnviarMensaje();

    }// fin B2
// Función principal
   public static void main(String[] arg) {
        pal frm =  new pal();
 }// fin main
}// Fin de la clase
```

PROBLEMAS DE CAPITULO

1. A partir de la dinámica de sistemas, construir el modelo informático cliente servidor del siguiente problema: En un lugar de la vía Láctea de cuyo nombre no quiero acordarme, una nave espacial que encontró un planeta con dos civilizaciones que lo habitaban. Los habitantes del planeta correspondían a especies distintas de humanoides. La primera civilización, que denominaremos civilización "x", era la civilización dominante y presentaba, desde hace diez años, una enfermedad genética que se manifestaba en que los individuos de esta raza muriesen por físico agotamiento a razón de entre 100 a 200 por mes, y por otro lado, tan solo nacían entre 5 y 20 bebés al mes de esta civilización; sin embargo su población era grande al llegar la nave espacial, de unos 2.000.000 de "individuos-x", en todo el planeta.

   La otra civilización, que la llamamos civilización "y", era una población de individuos pequeña de tan solo 500.000 habitantes. Presentaban una tasa de nacimientos de entre 2 y 10 humanoides por mes, y con un número de muertes de entre 0 y 4 al mes.

   A los dos meses de la llegada al planeta el *"Crucero Diplomático Tipo J"*, un científico investigador de la nave descubrió que la civilización "y" contenía un gen que podía curar la enfermedad de los "individuos-x". Dicho gen hacia efecto en los "individuos-x" solo a los tres meses después de ser inyectados. Cuando se vacunaba con el gen a los "individuos-x", la tranformación genética del individuo era tal que, de hecho, nacía una nueva raza. A esta raza, a la que llamaron civilización "z", se caracterizaba por tener la capacidad solamente de procrear con los de su misma especie y con los "y", es decir, los "z" y los "x" eran incompatibles para procrear. La nueva raza presentaba una tasa de nacimiento de entre 1 y 5 al mes y de muertes de 0 a 3 mensuales. Nota: ¿y luego de eso vivieron felices y comieron perdices?

2. La Nave Espacial Endora en su misión de descubrir nuevas civilizaciones, encuentra un planeta Clase Minshara (Clase M) con una población de humanoides con menor evolución tecnológica incapaces de realizar viajes estelares. El capitán Carrillo baja al planeta con su equipo, a manera de de incógnitos, con el fin de estudiar a esta civilización. El equipo del Endora, en sus primeras observaciones se percata que existen dos razas de humanoides: los Laakai y los Naari.

   Los Laakai son la raza que domina a aquella sociedad con un orden predominante a tener muchos elementos serviles. También descubren que es imposible hacer cruce entre las dos razas de humanoides, ya que los Laakai tienen una condición genética que no lo permite. Interactuando un poco más con los Laakai, el capitán Carrillo descubre que desde hace dos años muchos Laakai mayores de 20 años empiezan a adoleciese de una enfermedad genética que les impide procrearse y mueren a los pocos días de haber manifestado los síntomas y signos de la degeneración

104 Teoría General de Sistemas un enfoque hacia la Ingeniería de Sistemas

genética. La población de los Laakai es de 50 millones a la llegada del Endora. En la siguiente tabla se describe la distribución por edades:

Edad	Pob	%	Edad	Pob	%	Edad	Pob	%	Edad	Pob	%
0	2.500.000	5%	6	1.000.000	2%	12	1.000.000	2%	18	2.500.000	5%
1	2.500.000	5%	7	1.000.000	2%	13	500.000	1%	19	3.000.000	6%
2	1.500.000	3%	8	1.000.000	2%	14	1.000.000	2%	20	4.000.000	8%
3	1.000.000	2%	9	500.000	1%	15	1.000.000	2%	> 20	19.500.000	39%
4	1.000.000	2%	10	1.000.000	2%	16	1.000.000	2%			
5	500.000	1%	11	500.000	1%	17	2.500.000	5%			

Los nacimientos de los Laakai es del orden de 0.5% a 2% mensual (si no adultos no hay nacimientos). Las muertes por causas "Naturales" son del orden, en todas las edades, del 7% al 11%.

Las muertes mensuales por la anomalía genética se encuentran en el orden de 80% al 97% de los "enfermos". Los enfermos genéticamente (mayores de 20 años) crecen mensualmente a razón del 1% al 12% de la población mayor de 20 años.

El doctor Nicolas Xofh del equipo del capitán Carrillo logró en base a la sangre de los Naari, que un enfermo Laakai recupera su salud; pero a cambio de la salud perdería su capacidad de reproducción. La vacuna le dá una inmunidad de 5 años, a lo cual después puede caer enfermo otra vez y nuevamente ser vacunado. La producción de vacunas mensuales solo alcanza a ser aplicadas a entre 75% al 78% de los enfermos. Por otro lado, la población Inicial de los Naari es de 2 millones, sus nacimientos es del orden de 200 a 345 mil mensual y sus muertes por causas naturales son del orden del 6% al 19%. Utilizar la Dinámica de Sistemas, con el fin de realizar una simulación que permita describir las características de estas civilizaciones.

DE DINÁMICA DE SISTEMAS A UML

Capítulo 7

INTRODUCCIÓN

UML, el Lenguaje Unificado para la construcción de Modelos, antes que nada, es un lenguaje que utiliza una representación gráfica para describir un sistema. Sus principales objetivos son:

- Expresar en forma gráfica a un sistema para permitir que otras personas lo puedan entender
- Especificar las características de un sistema antes de su construcción
- Se construyen sistemas a partir de modelos especificados
- Documentar al sistema

UML se comenzó a gestar a finales de 1994 cuando Jim Rumbaugh se vinculó a la empresa Rotional del señor Grady Booch; en donde el objetivo central consistía buscar la manera de en unir el método Booch y el método OMT (Object Modeling tool) y así, definir una notación estándar en los procesos de análisis y diseño de software orientado a objetos. Luego se vinculó al proyecto el señor Ivar Jacoson, ente los tres generado la primera versión de UML, la cual fue ofrecida al OMG[1]. La OMG propuso una serie de modificaciones que se reflejaron en la versión 1.1 de UML, la que fue aceptada como estándar en noviembre de 1997[2].

UML al ser un lenguaje formal de modelado aporta las siguientes ventajas:

- La especificación posee mayor rigor
- Permite verificar y validar el modelo realizado
- Se pueden automatizar procesos
- Generar código a partir de los modelos y a la inversa, es decir, a partir del código fuente generar los modelos, así siempre el modelo y código estén actualizados

UML es un lenguaje de modelado gráfico que utiliza varios diagramas entre los más importantes están:

- Diagrama de casos de uso
- Diagrama de clases

---

[1] Object Management Group http://www.omg.org
[2] Booch, G. Rumbaugh, J. Jacobson, I, 1999.

- Diagramas de Secuencia
- Diagrama de colaboración
- Diagrama de estados
- Diagrama de actividades
- Diagrama de componentes
- Diagramas de despliegue

FASE DE ANÁLISIS EN UML

En esta sección se instruirá la forma de cómo realizar los diagramas de UML más relevantes de la fase de análisis, que pueden ser generados por intermedio de la dinámica de sistemas. Los diagramas de la fase de análisis que se tendrán en cuenta son: el Modelo Conceptual, de Caso de Uso y de Secuencias.

Modelo Conceptual del sistema

Introducción

Un Modelo Conceptual es una representación gráfica de conceptos en un dominio del Problema[1]. Este Modelo contendrá los conceptos relevantes y las asociaciones entre ellos. La representación de los conceptos se hace por intermedio de rectángulos divididos en dos áreas, la superior en donde se coloca el nombre que lo identifica y la inferior que describe la lista de atributos. Las asociaciones se representan por líneas sobre las cuales se coloca el nombre y la multiplicidad de la asociación. En la Figura 34 se muestra un ejemplo en donde se describe los Iconos del Modelo Conceptual.

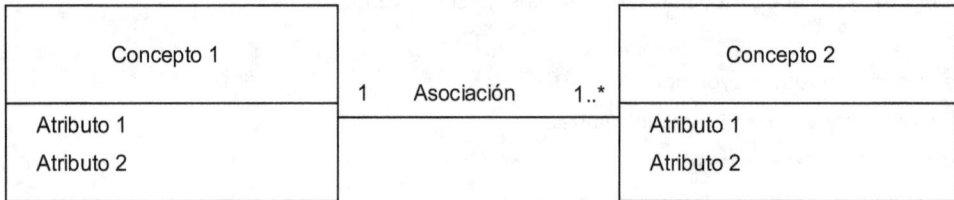

Figura 34. Ejemplo de Un Modelo Conceptual.

Construcción de un Modelo Conceptual a partir de la Dinámica de Sistemas

Si partimos, en primer lugar, del hecho que el término Concepto hace referencia a ideas, cosas, partes, objetos y porqué no a Sistemas. Y en segundo que, el objetivo central de la creación de Modelos

---

[1] Martin, J., Odell, J. 1995. Object-Oriented Methods: A Fundation. Eglewood Cliffs, NJ.: Prentice-Hall En: Larman, 1999

Conceptuales es descomponer los problemas en conceptos individuales y mostrar sus asociaciones. Y en tercera, que la principal función de los Diagramas Sinérgicos es la de describir a los Sistemas (Conceptos) que intervienen en el Problema, y sus Interacciones (asociaciones), se concluye que:

El Diagrama Sinérgico de la Dinámica de Sistemas Corresponde al Modelo Conceptual de UML

Esto es, los subsistemas del Diagrama Sinérgico corresponden a los conceptos y las relaciones a las asociaciones. Las asociaciones se pueden describir o clasificar según el tipo de relación o sinergia que presenten en el diagrama sinérgico, a saber:

1. *Relación Positiva*. Las relaciones positivas de un diagrama Sinérgico genera a una asociación del tipo "Aumenta" en donde hay aumento ya sea abstracto o real.

2. *Relación Negativa*. Las relaciones Negativas de un diagrama Sinérgico genera a una asociación del tipo "Disminuye" en donde hay decremento ya sea abstracto o real.

3. *Relación Neutra.* Las relaciones Neutra de un diagrama Sinérgico genera a una asociación del tipo "Aumenta-Disminuye" en donde hay aumento o decremento ya sea abstracto o real.

A manera de Ejemplo, construyamos el Modelo Conceptual del Problema de la Cuenta de Ahorros a partir de su Diagrama Sinérgico descrito en la Figura 35.

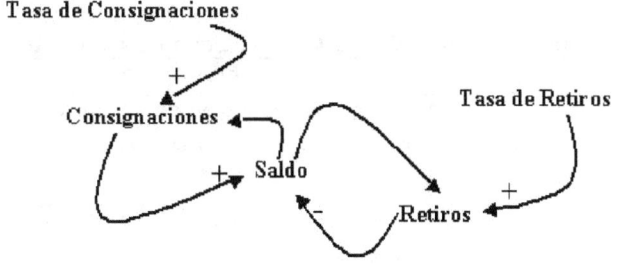

Figura 35. Diagrama Sinérgico del Caso Cuenta de Ahorros

Como se puede observar, los Subsistemas del Diagrama Sinérgico Consignación, Retiros, Saldo, Tasa de Consignación y Tasa de Retiros son tomados como conceptos y las relaciones como asociaciones[1].

---

[1] Confrontar Figuras 35 y 36

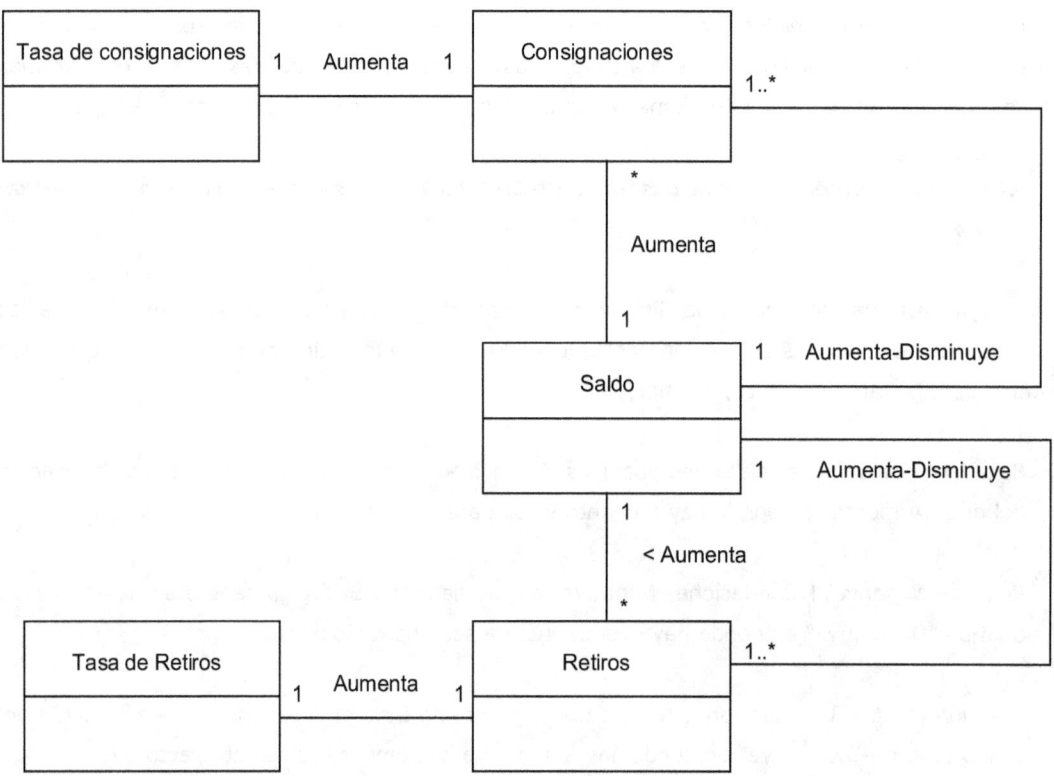

Figura 36. Modelo Conceptual del Caso Cuenta de Ahorros

Se debe tener en cuenta que las asociaciones se clasifican según el tipo de relación que la genera. La explicación de las asociaciones se detalla en la Tabla 2.

Tabla 2. Detalle de las Asociaciones de conceptos

Asociación	Explicación
Tasa de Consignaciones **Aumenta** Consignaciones	Cuando la Tasa de Consignaciones Crece/Decrece en un valor, causa el mismo efecto Crece/Decrece por el mismo valor en las Consignaciones
Tasa de Retiros **Aumenta** Retiros	Cuando la Tasa de Retiros Crece/Decrece en un valor, causa el mismo efecto Crece/Decrece en los Retiros
Consignaciones **Aumenta** Saldo	Entre más consignaciones se realicen más crece el Saldo
Retiros **Disminuye** Saldo	Entre más Retiros se realicen más decrece el Saldo
Saldo **Aumenta-Disminuye** Consignaciones	Al tener un Saldo determinado (Alto o bajo) no se puede precisar si motiva a realizar más o menos Consignaciones, ya que la decisión se convierte subjetiva
Saldo **Aumenta-Disminuye** Retiros	Al tener un Saldo determinado (Alto o bajo) no se puede precisar si motiva a realizar más o menos Retiros, ya que la decisión se convierte subjetiva

Casos de Uso

Introducción

Un **Caso de Uso** es un documento que describe una serie de eventos realizados por un agente externo al sistema denominado actor[1], siendo su principal objetivo la descripción de procesos.

Los casos de uso en UML se representan por intermedio de óvalos asociándoles un nombre. Los actores, por lo general se representan mediante una figura humana[2]. Los actores y los casos de uso se asocian mediante flechas dirigidas. En la Figura 37 se describe los Iconos de los Actores y de los Casos de Uso.

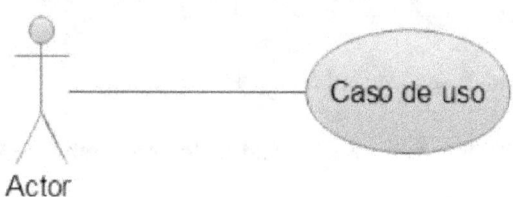

Figura 37. Icono en UML de Caso de Uso

A continuación se presenta el formato de alto nivel para la descripción de los casos de uso[3]:

Caso de Uso:	Nombre del Caso de Uso
Actores:	Actor1, Actor2,...
Tipo:	• **Primarios** (Procesos comunes importantes), **Secundarios** (Procesos menores o raros) u **Opcionales** (Pueden o no abordarse)
	• **Esenciales** (Se expresan en forma teórica y poca tecnología) o **Reales** (Concretos: Sujeto a tecnologías específicas de entrada y salida)
Descripción:	Descripción de los pasos del proceso

Construcción de los Casos de uso a partir de la Dinámica de sistemas

Los Casos de Uso se obtienen de los Subsistemas de Flujos y de los Subsistemas de Niveles que se encuentran descritos en los diagramas de Forrester. Los primeros por su función modificadora, y últimos por su función de almacenamiento. Los posibles actores en este caso serán el propio Sistema y usuarios externos.

---

[1] Larman, 2002
[2] Algunos diseñadores prefieren colocar un símbolo distinto cuando se trata de un actor no humano.
[3] Larman, 1999

Si tomamos por ejemplo, el diagrama de Forrester del problema de la cuenta de ahorros discutido en capítulos anteriores (Ver Figura 38) encontramos que él está compuesto por 2 Subsistema de Flujo uno denominado Consignaciones y otro llamado Retiros; y un Subsistema de Nivel denominado Saldo, así se tendrían 3 casos de uso, que los podemos denominar **Consignaciones**, **Retiros** y **Mostrar Saldo** respectivamente.

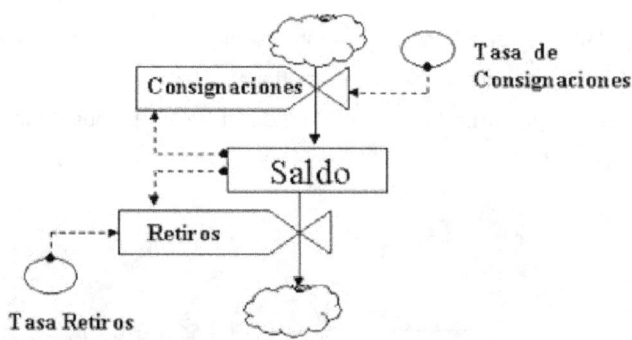

Figura 38. Diagrama de Forrester del Problema de la Cuenta

Además, encontramos que a partir del enunciado, los actores serían un agente externo que podemos llamar Usuario y el otro actor sería el mismo Sistema. La descripción de los casos de uso del alto nivel están contenidas en las Tablas 3, 4 y 5, mientras en la Figura 39 se describe el Diagrama de Casos de Uso.

Tabla 3. Descripción del Caso de Uso Consignaciones

Caso de Uso:	Consignaciones
Actores:	Usuario, Sistema
Tipo:	**Primario**
Descripción:	El Usuario llega al banco con un volante que indica la cantidad a Consignar. El Sistema Aumenta el saldo.

Tabla 4. Descripción del Caso de Uso Retiros

Caso de Uso:	Retiros
Actores:	Usuario, Sistema
Tipo:	**Primario**
Descripción:	El Usuario llega al banco con un volante que indica la cantidad a Retirar. El Sistema verifica si puede retirar dicha cantidad, si puede decrementa el saldo.

Tabla 5. Descripción del Caso de Uso MostrarSaldo

Caso de Uso:	MostrarSaldo
Actores:	Usuario, Sistema
Tipo:	**Primario**
Descripción:	El Usuario llega al banco a solicitar la información de cuanto tiene en el saldo. El Sistema verifica la cantidad y Muestra el saldo.

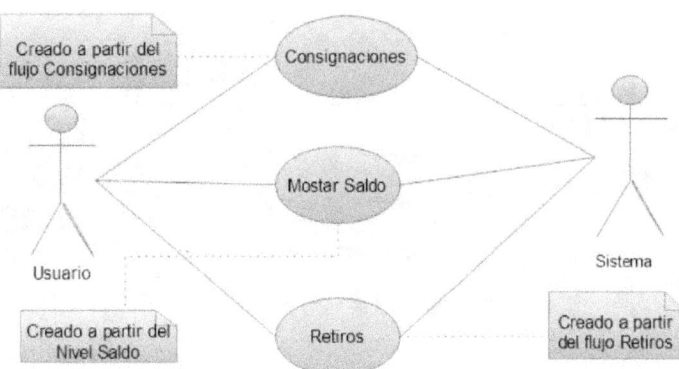

Figura 39. Diagrama de Casos de Uso del Problema de la Cuenta de Ahorros

Diagrama de Secuencias de la fase de análisis

Introducción

Los Diagramas de Secuencia muestran en forma gráfica los eventos que fluyen de los actores al Sistema, con esto se pretende analizar el comportamiento del Sistema[1]. En palabras simples, los Diagramas de Secuencia buscan describir en forma particular el curso de los eventos en un caso de uso. Es importante señalar que en los Diagramas de Secuencia se busca describir lo que hace el sistema más no cómo lo hace[2]. Los diagramas de secuencia lo conforman las siguientes partes:

- **Un Actor**
- **Una Instancia del Sistema.** Vista como Caja Negra
- **Eventos.** Hecho externo de entrada que el Actor produce en el sistema
- **Operaciones.** Acción que se ejecuta en respuesta a un evento del sistema

La presentación gráfica de los componentes de los diagramas de secuencia son los siguientes:

---

[1] Confrontar con la Sección Dinámica de sistemas del capítulo 3
[2] Confrontar con Larman, 1999 y con Larman, 2002

112 Teoría General de Sistemas un enfoque hacia la Ingeniería de Sistemas

- Los actores se representan de igual forma que en los casos de uso, el sistema con un rectángulo
- Los eventos como flechas dirigidas asociándoles sus informaciones relevantes.

En la Figura 40 se describe las partes de un diagrama de secuencia del análisis.

Figura 40. Partes constituyentes de un Diagrama de Secuencias del Análisis

Construcción de Diagramas de Secuencias del análisis a partir de la Dinámica de sistemas
Sabemos que los Casos de Uso son construidos en parte, por los subsistemas de Flujos, lo que origina que los Diagramas de Secuencias del análisis para estos casos de uso, presenten 3 eventos básicos, como son:

1. El cálculo de la variación del nivel
2. Verificación de viabilidad de la actualización
3. Y la actualización misma.

Y en segunda instancia, los casos de uso se construyen a partir de los subsistemas de Nivel, en los cuales se presenta eventos de relacionados con la acción de mostrar el valor de los contenidos que almacena. Los Diagramas de secuencia del análisis en su forma general, construidos a partir de subsistemas de flujo se describen en la Figura 41, mientas que el diagrama de secuencia general de los casos de uso creados de los subsistemas de Nivel se muestra en la Figura 42.

De dinámica de sistemas a UML 113

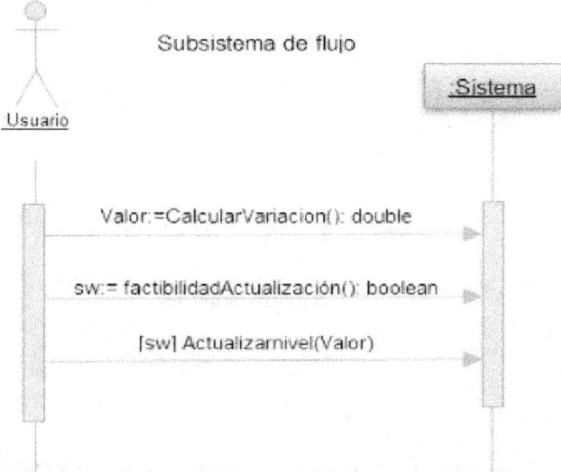

Figura 41. Diagrama de Secuencias General generado a partir de Subsistemas de Flujo

Figura 42. Diagrama de Secuencias General generado a partir de Subsistemas de Nivel

Como ilustración de la construcción de Diagramas de Secuencias a partir de la Dinámica de Sistemas, se construirá los correspondientes a los Casos de Uso Consignaciones, Retiros y MostrarSaldo descritos anteriormente en la Figura 39.

Casos de Uso Consignaciones.

El Caso de Uso **Consignaciones** realiza dos de los tres eventos generales que usualmente realiza este tipo de caso de uso construido a partir de la Dinámica de Sistemas: CalcularVariacionConsig() y ActualizarSaldo(), ya que comúnmente las entidades bancarias no colocan restricción al monto de dicha consignación. El diagrama de secuencias se describe en la Figura 43.

114 Teoría General de Sistemas un enfoque hacia la Ingeniería de Sistemas

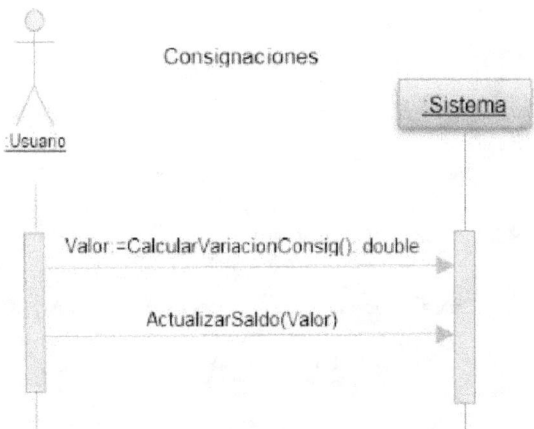

Figura 43. Diagrama de Secuencias del Caso de Uso Consignaciones

Caso de Uso Retiros

El Caso de Uso **Retiros** realiza los tres eventos generales, CalcularVariacionRetiro(), FactibilidadActualizacion() y ActualizarSaldo(). El diagrama de secuencias se describe en la Figura 44.

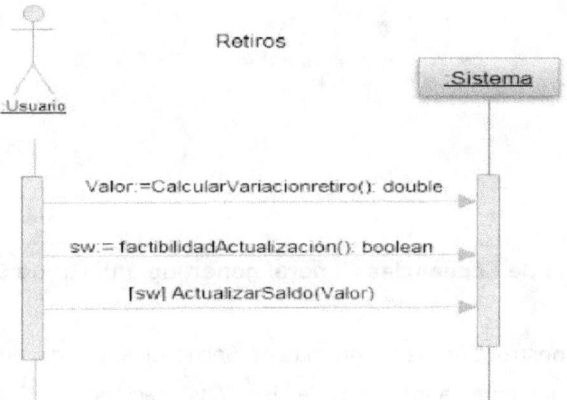

Figura 44. Diagrama de Secuencias del Caso de Uso Retiros

Caso de Uso Mostrar Saldo

El Caso de Uso **MostrarSaldo** realiza un evento que lleva el mismo nombre. El diagrama de secuencias se describe en la Figura 45.

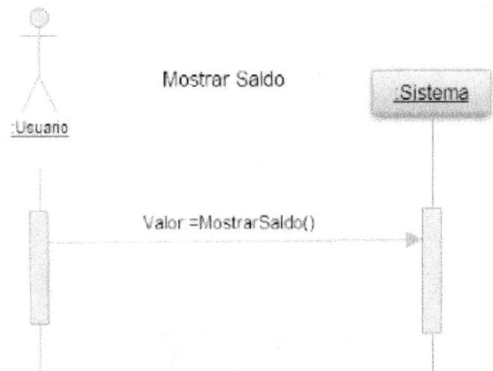

Figura 45. Diagrama de Secuencias del Caso de Uso MostrarSaldo

FASE DE DISEÑO EN UML

En esta sección se describe cómo construir los diagramas de la fase de diseño en UML a partir de la dinámica de sistemas. Entre los diagramas que se tratan en esta sección de encuentran: el diagrama de Secuencias de la fase de diseño y el diagrama de clases. En la creación de los diagramas de clases se tendrán en cuenta el tipo de orientación de la programación como lo son: a Objetos, Concurrente y Cliente – Servidor.

Diagrama de Secuencias del Diseño

Introducción

En este apartado se explican los diagramas de secuencias utilizados para el diseño. Los cuales se diferencian de los del análisis en que en los del diseño se describe los eventos que ocurren dentro del sistema.

Construcción de Diagramas de Secuencias del Diseño a partir de la Dinámica de sistemas

Diagramas de Secuencias del Diseño de casos de uso construidos en base a Subsistemas de Nivel. En el evento MostrarActualSaldo intervienen el usuario y el Nivel en el cual el nivel retorna al sistema la cantidad actual almacenada. Luego el sistema imprime dicha cantidad. (Ver Figura 46)

Diagramas de Secuencias del Diseño de casos de uso construidos en base a Subsistemas de flujo. Tenemos que el diagrama de secuencias del análisis describe tres eventos (CalcularVariacion, FactibilidadActualizacion y ActualizarNivel), la idea es describir cómo funciona el sistema "por dentro" con cada uno de estos eventos:

116 Teoría General de Sistemas un enfoque hacia la Ingeniería de Sistemas

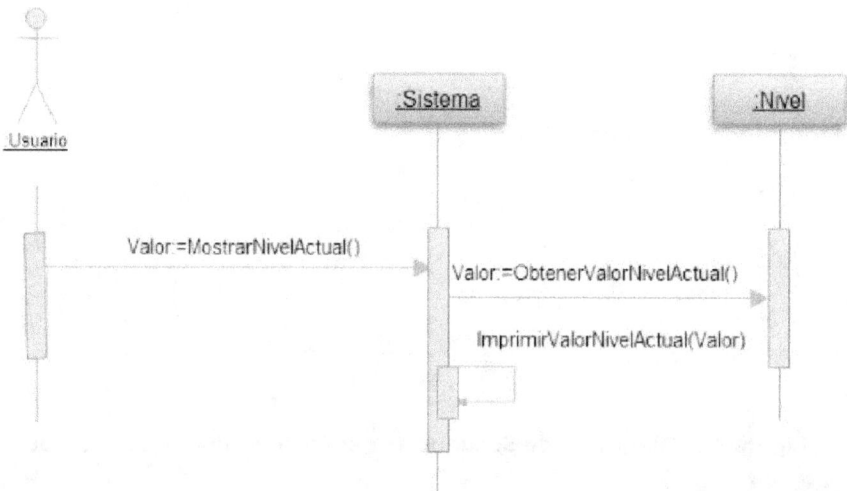

Figura 46. Diagrama de Secuencias del diseño construido a partir de subsistemas de Nivel

En el **evento *CalcularVariacion*** intervienen el usuario, el Nivel asociado al flujo y una Tasa de Variación, en donde esta última regresa al sistema un valor, generado bajo una política específica[1], que corresponde al índice de variación.

El sistema por su parte le solicita el nivel, de necesitarla, la cantidad almacenada, para luego calcular cuánto debe variar el Nivel.

En el **evento *FactibilidadActualizacion*** intervienen el usuario y el Nivel asociado al flujo, en donde el nivel regresa al sistema un valor de verdadero si la actualización solicitada se puede realizar o un valor de falso en caso contrario. De igual forma el sistema retorna este valor al Usuario.

En el **evento *ActualizarNivel*** intervienen el usuario y el Nivel. Aquí el nivel actualiza la cantidad que contiene.

En la Figura 47 se describe el diagrama de secuencias de diseño de un caso de uso construido por intermedio de subsistemas de Flujo.

A manera de ejemplo se describe en las Figuras 48, 49 y 50 los diagramas de secuencias de diseño de los casos de uso consignaciones, MostrarSaldo y Retiros respectivamente.

---

[1] Entre las políticas más usadas encontramos las distribuciones aleatorias

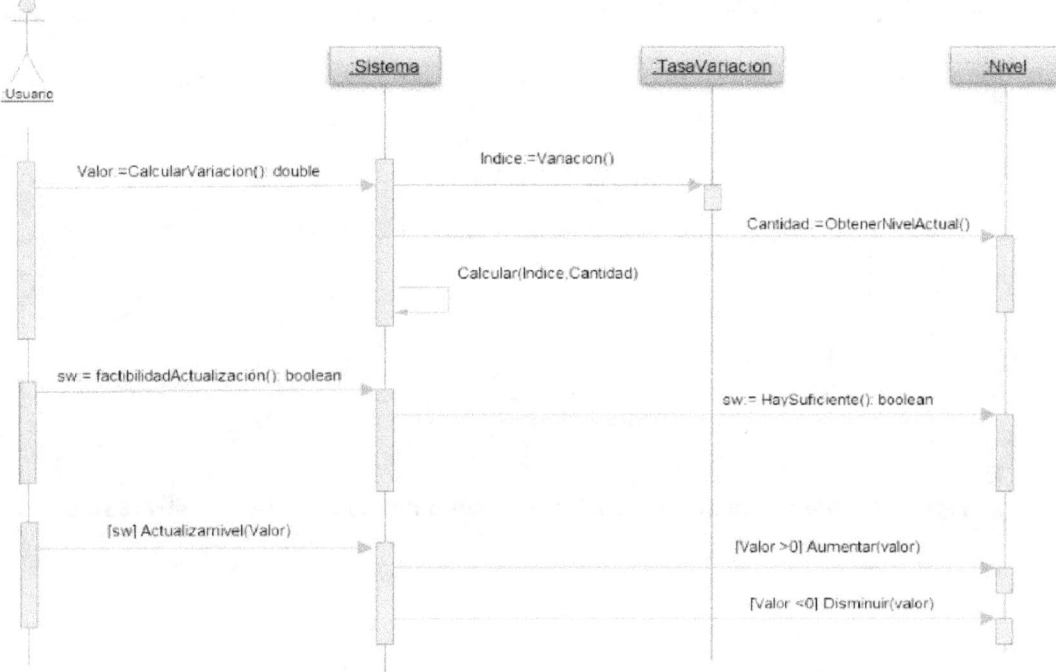

Figura 47. Diagrama de Secuencias general del diseño de un Caso de Uso construido por Subsistemas de Flujo

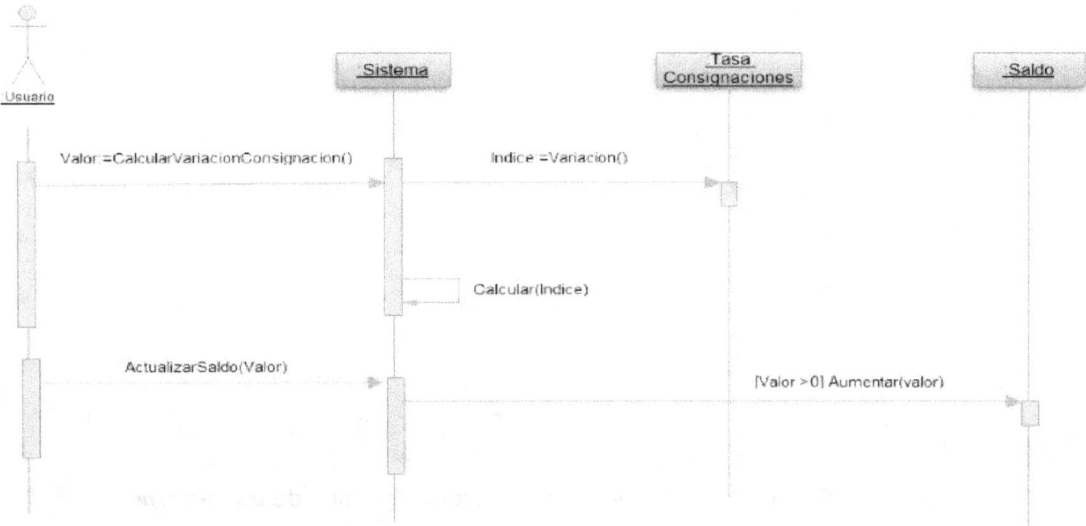

Figura 48. Diagrama de Secuencias de diseño del Caso de Uso Consignaciones

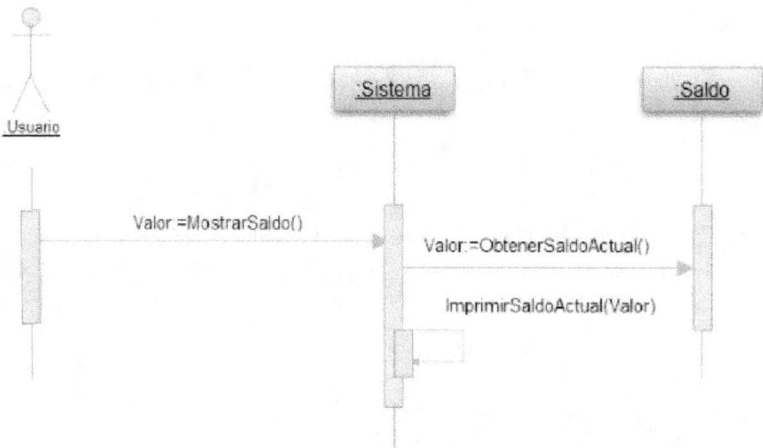

Figura 49. Diagrama de Secuencias de diseño del Caso de Uso MostrarSaldo

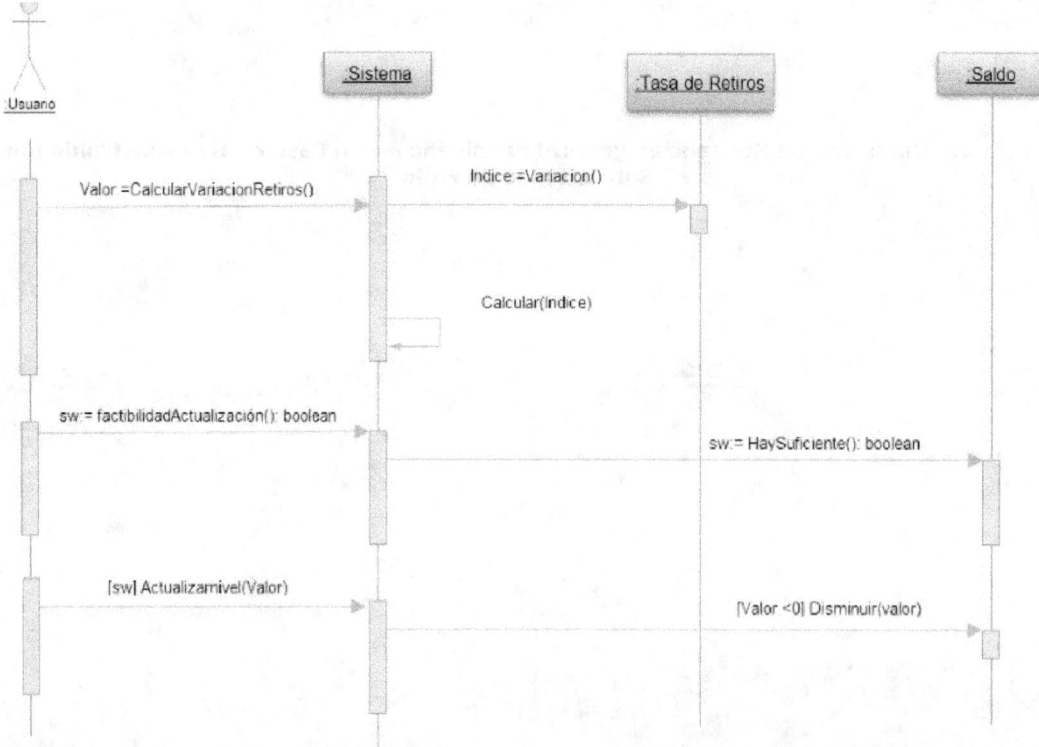

Figura 50. Diagrama de Secuencias de diseño del Caso de Uso Retiros

Diagrama de Clases del Diseño

Introducción

El Diagrama de Clases del Diseño describe gráficamente las especificaciones de las clases del software y de las interfaces en una aplicación[1]. El diagrama de clases del diseño contiene generalmente:

- Clases, asociaciones y atributos
- Interfaces
- Métodos
- Navegabilidad
- Dependencias

En la Figura 51 se describe a manera de ejemplo un diagrama de clases, en el cual se especifica los formatos, en primera medida, para los atributos y los Métodos ya sean públicos o privados; en segunda instancia, las asociaciones, navegabilidad y multiplicidad; y finalmente la herencia o generalización.

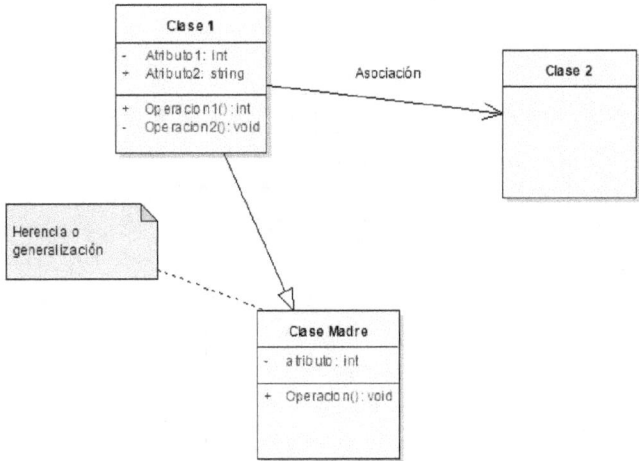

Figura 51. Ejemplo de un Diagrama de Clases del Diseño

Construcción de Diagramas de Clases del Diseño a Partir de la Dinámica de sistemas bajo la orientación a objetos

Se puede concluir fácilmente al comparar los diagramas de Forrester con el Modelo Conceptual que las clases de UML corresponden a los subsistemas de Flujo y de Nivel del Diagrama de Forrester. Por otro lado, dependiendo de la complejidad de los mismos, se podrán crear clases a partir de otros subsistemas del Diagrama de Forrester, como lo son los subsistemas Auxiliares, de Fuente, de Pozos,

---

[1] Larman. 1999

Aleatorios, etc. Ahora, se describe las características más importantes de las Clases basadas en Flujos y Niveles.

Clases construidas basándose en los subsistemas de Nivel. Estas tendrán uno o varios atributos (Cantidad1, Cantidad2,...) encargadas de resguardar el almacenamiento del Nivel. Contendrá tres métodos FactibilidadActualizar, ActualizarNivel y ObtenerNivelActual, en donde el primero realizará la función de verificar si una actualización es posible realizarla; el segundo hace la actualización del almacenamiento; y la último regresa el valor actual de lo almacenado en el nivel.

Clases construidas en base a los subsistemas de Flujo. Dichas clases contendrá dos atributos, Max y Min, que indicarán los límites de la variación. También tendrá un o varios atributos de Tipo Nivel al los cuales está asociado. Además tendrá un Método, CalcularVariacion, encargado de hallar el valor que modificará a la clase Nivel.

En la Figura 52 se muestra un ejemplo de un diagrama de clases del diseño, en donde se describe las clases construidas a partir de subsistemas de Nivel y de Flujos tanto de entrada como de salida. A manera de ilustración se muestra el diagrama de clases del diseño del problema de la cuenta de ahorros en la Figura 53.

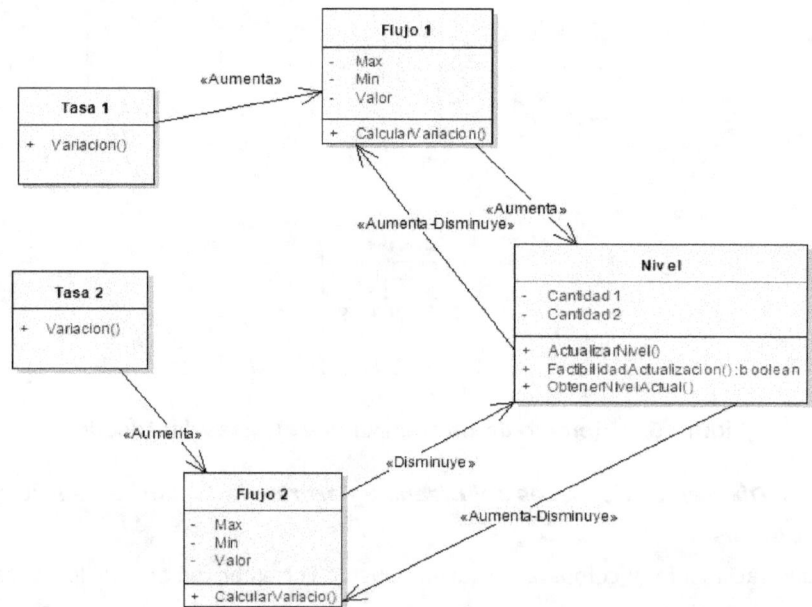

Figura 52. Diagrama de Clases del Diseño General

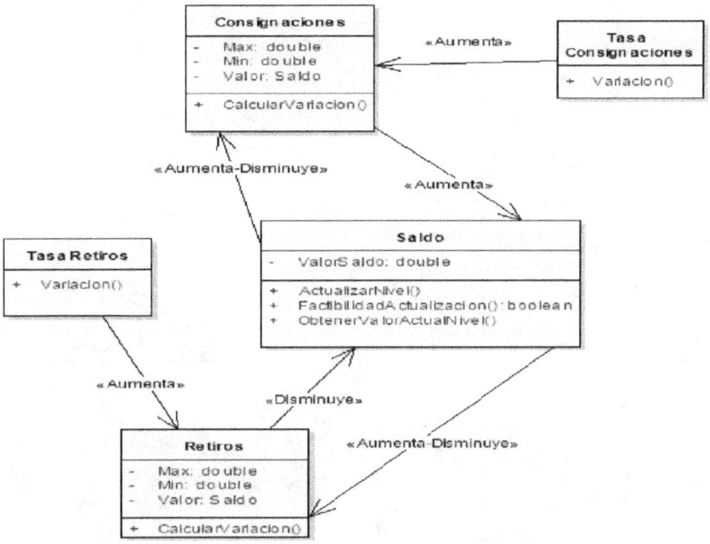

De dinámica de sistemas a UML   121

Figura 53. Diagrama de Clases del Diseño del caso de la cuenta de ahorros

Construcción de Diagramas de Secuencias del diseño a partir de la Dinámica de sistemas bajo la orientación de la programación concurrente

Bajo el enfoque de la programación concurrente debemos tener en cuenta que los subsistemas de Flujo representan a los hilos. Por lo tanto en el Diagrama de Clases del Diseño debe añadirse la herencia de las clases construidas a partir de dichos subsistemas con un objeto Hilo. A continuación, se describe las características de las Clases basadas en Flujos y en Niveles en la programación concurrente:

Clases construidas basándose en los subsistemas de Nivel. Estas clases presentan las mismas características que las construidas sin el enfoque concurrente. Tendrán los atributos encargadas del almacenamiento del Nivel y los métodos: FactibilidadActualizar, ActualizarNivel y ObtenerNivelActual con las funciones descritas en la sección anterior.

Clases construidas en base a los Subsistemas de Flujo. En primer lugar estas clases contendrán los dos mismos atributos (Max y Min) que indicarán los límites de la variación, y aquellos de Tipo Nivel a los cuales se asocia, descritos para las clases de Flujo no concurrentes. En cuanto a sus métodos tendrá CalcularVariacion y la implementación del método "Runable" de los hilos al que llamaremos run. Este método run() es el encargado de ejecutar las acciones concurrentes de la clase.

En la Figura 54 se describe, en forma general, un Diagrama de Clases del Diseño en programación concurrente, y lo propio en la Figura 55 del caso de la cuenta de ahorros.

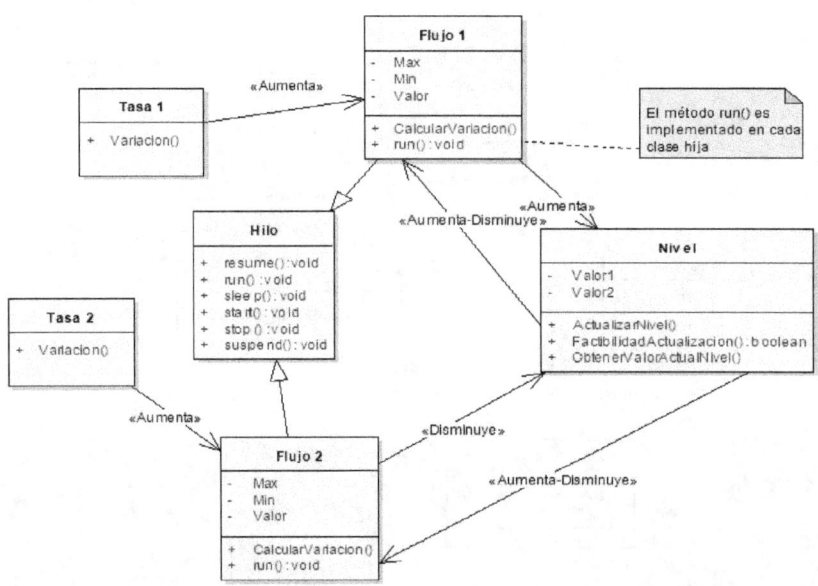

Figura 54. Diagrama de Clases del Diseño Concurrente basados en Subsistemas de Flujo y Nivel

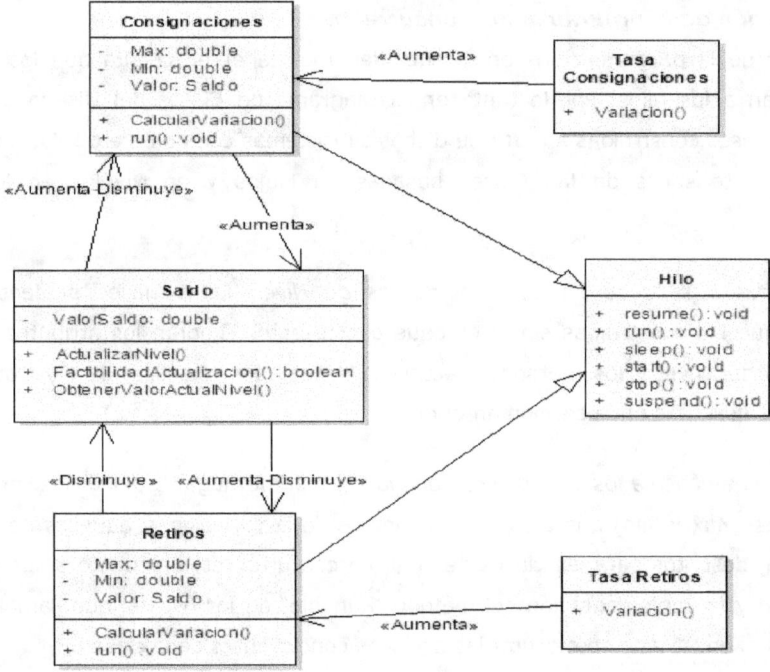

Figura 55. Diagrama de Clases del Diseño Concurrente del caso de la cuenta de ahorros

Construcción de Diagramas de Secuencias del Diseño a Partir de la Dinámica de sistemas bajo la orientación de programación Cliente Servidor

En la orientación de programación cliente servidor los subsistemas de Flujo y de Nivel generan cada uno un programa independiente. Los Niveles generan aplicaciones servidoras y los Flujos generan aplicaciones Clientes. En las siguientes secciones se describen las características de estas aplicaciones.

Aplicaciones Servidores construidas basándose en los Subsistemas de Nivel. Los servidores presentaran una clase llamada VariableCompatida, cuya función es el del tratamiento del almacenamiento del Nivel. Igualmente presentará una clase del tipo hilo, ServidorPrincipal, encargada de la administración de la comunicación con el cliente, generando una instancia de la clase HilosDelServidor para cada cliente que se conecte.

La clase de tipo hilo HilosDelServidor es la encargada de atender todos los requisitos de un Cliente en particular y finalmente presenta una clase de interfaz de usuario cuya misión, además de comunicarse con el usuario, es simplemente arrancar y detener el servidor Principal.

Aplicaciones Clientes construidas basándose en los Subsistemas de Flujo. Al igual que en las aplicaciones servidores se tendrá una clase VariableCompartida con función similar. También se tendrá un una clase del tipo hilo denominada cliente encargada de la comunicación con el servidor y de la variación de los niveles asociados, y finalmente una clase de interfaz con el usuario. En la Figura 56 se describe, en forma general, un Diagrama de Clases del Diseño en programación concurrente, y lo propio en la Figura 57 del caso de la cuenta de ahorros.

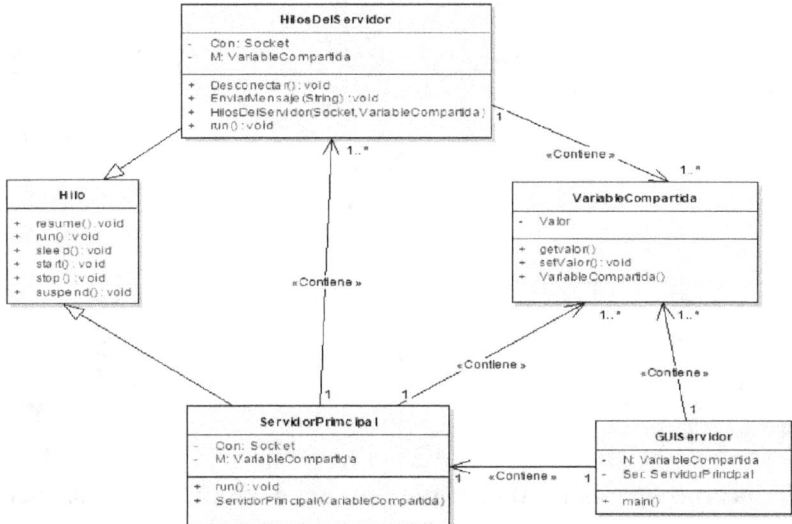

Figura 56. Diagrama de Clases del Diseño de un Servidor General basado en Subsistemas de Nivel.

124 Teoría General de Sistemas un enfoque hacia la Ingeniería de Sistemas

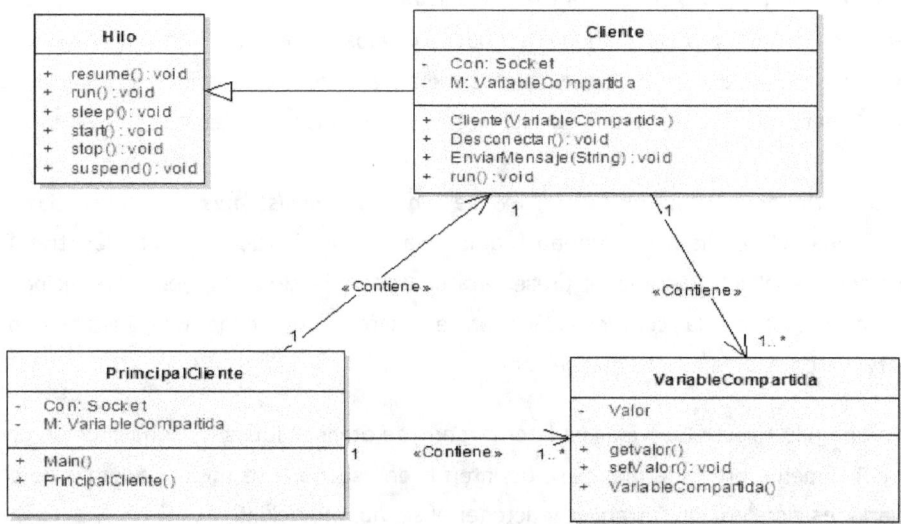

Figura 57. Diagrama de Clases del Diseño de un Cliente General basado en Subsistemas de Flujo.

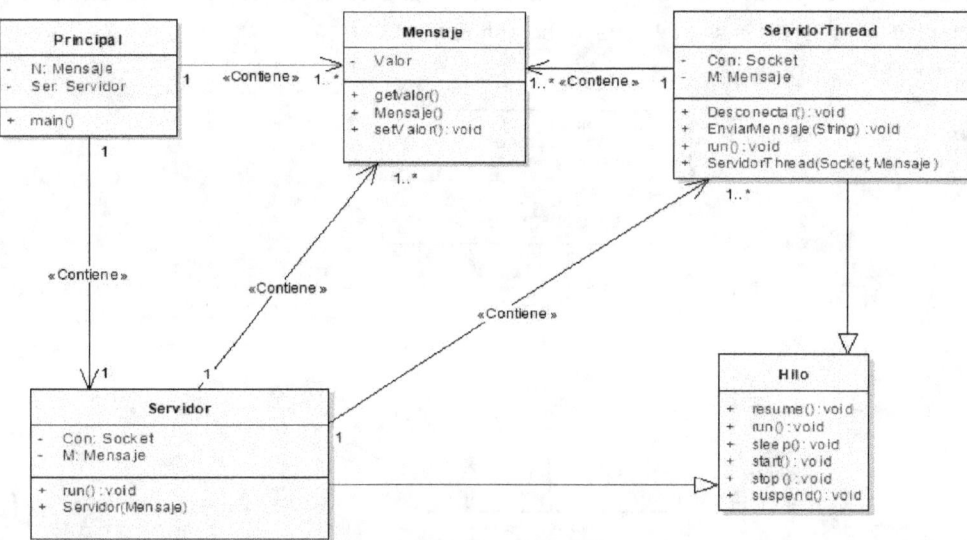

Figura 58. Diagrama de Clases del Diseño del servidor del problema de la cuenta de ahorros

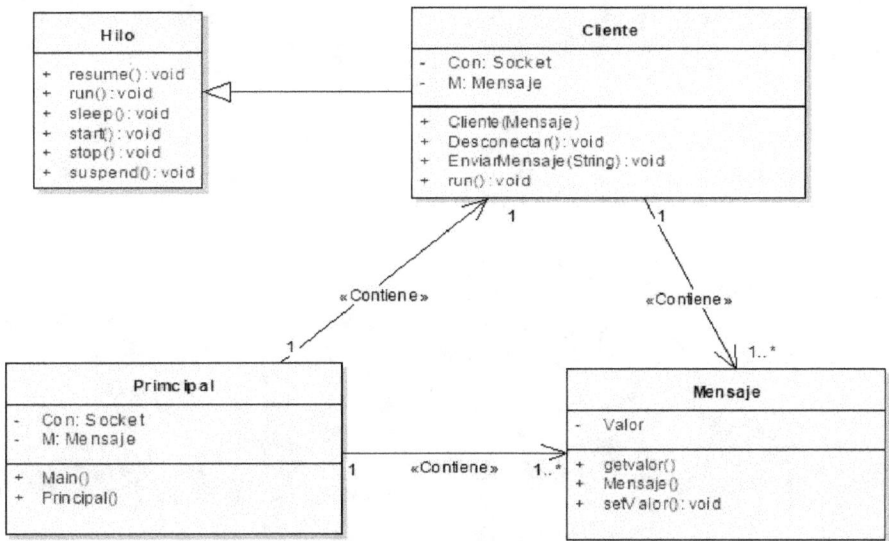

Figura 59. Diagrama de Clases del Diseño de los clientes Consignaciones, retiros y MostarSaldo del problema de la cuenta de ahorros

BIBLIOGRAFIA

ARACIL, 1986   **ARACIL, Javier**. Introducción a la Dinámica de Sistemas. Editorial Alianza. Madrid. 1986.

ARACIL, 1997   **ARACIL Javier y GORDILLO Francisco.** Dinámica de sistemas. Alianza Editorial, Madrid, 1997.

ACKOFF, 1998   **ACKOFF, Russell L.** El Arte de Resolver problemas, Noriega Editores- Decimocuarta reimpresión.- 1998

BOOCH, 1999.   **BOOCH, G. Rumbaugh, J. Jacobson, I.** El Lenguaje Unificado de Modelado. Addison Wesley. 1999.

BERTALANFY, 001   **BERTALANFY, Ludwig von.** Tendencias de la Teoría General de Sistemas. Alianza Editorial.

BERTALANFFY, 002   **BERTALANFFY, Ludwig Von**. Teoría General de Sistemas. Fundamentos, desarrollo, aplicaciones. México, Fondo Cultural Económica.

CARRETERO, 2001.   **CARRETERO, Jesús et al.** Sistemas Operativos: Una visión aplicada. McGraw-Hill. Madrid. 2001. 731 p.

CHURCHMAN, 1973   **CHURCHMAN, West**. El enfoque de sistemas. Editorial Diana. México. 1973

COHOON, 2000   **COHOON, James, DAVIDSON, Jack**. Programación y diseño en C++: Introducción al diseño y a la programación orientada a objetos. 2º Ed. McGraw-Hill.

DEITEL, y DEITEL, 1999 **DEITEL, H. M. DEITEL, P. J.** Cómo programar en Java. 3º Ed. Prentice-Hall. 1999.

HURTADO y NEIRA, 1996 **HURTADO, Dougglas. NEIRA, Marlon**. Software aplicativo a la enseñanza de la asignatura sistemas operacionales. Tesis de Grado. Universidad del Norte. Barranquilla. 1996.

JAWORSKI, 1999   **JAWORSKI, Jaime.** Java 1.2 al descubierto. Prentice–hall Madrid. 1999. 1344 p.

JOHANSEN, 1996   **JOHANSEN B, Oscar.** Introducción a la teoría general de sistemas, – Decimotercera reimpresión - Noriega Editores, 1996.

JOYANES, 2000   **JOYANES, Luis. ZAHONERO, Ignacio.** Programación en Java 2:

	Algoritmos, estructuras de datos y programación orientada a objetos. McGraw-Hill. Madrid. 2002. 725 p
JOYANES, 1998	**JOYANES, Luis.** Programación Orientada a Objetos. 2º Ed. Osborne McGraw-Hill. 1998. 895 p
KENDALL, 1997	**KENDALL, Kenneth. KENDALL, Julie.** Análisis y Diseño de Sistema. Pentice-Hall. 1997. 913 p
LARMAN, 1999	**LARMAN, Craig.** UML Y patrones: Introducción al análisis y diseño orientado a Objetos. Prentice hall. México.1999. 536 P
LARMAN, 2002	**LARMAN, Craig.** Applying UML and Patterns: An Introduction to Object-Oriented Analysis and Design and the Unifiqued Process. 2 Ed. Prentice Hall PTR. 2002. 627 P
LATORRE, 1996	**LATORRE, Emilio.** Teoría General de Sistemas. Aplicada la solución integral de problema. Editorial Universidad del Valle. Cali, 1996.
LEA, 2001	**LEA, Doug.** Programación concurrente en Java: Principios y patrones de diseño. 2º Ed. Addison Wesley. 2001. 430 p
LEÓN-GARCÍA, 2002	**LEÓN-GARCÍA, Alberto. WIDJAJA, Indra.** Redes de comunicaciones: Conceptos fundamentales y arquitecturas básicas. McGraw-Hill. Madrid 2002. 772 p.
MAIN y SAVITCH, 2001	**MAIN, Michael. SAVITCH, P.** Data structures and other objects using C++. Addison Wesley. 2001. 783 p
PRESSMAN, 1998	**PRESSMAN, Roger.** Ingeniería del software: un enfoque práctico. 4 ed. México: McGraw-Hill. Madrid. 1998. 581 p.
ORTALI, 1998	**ORTALI, Robert. HARKEY Don. JERI, Eduardo.** Cliente / Servidor: Guía de supervivencia. 2ed.Mexico: Mcgraw-Hill. 1998
SÁNCHEZ, 2001	**SÁNCHEZ, Jesús et al.** Java 2: Iniciación y referencia. McGraw-Hill. 2001
SENN, 1992	**SENN, James.** Análisis y diseño de sistemas de información. 2º ed. McGraw-Hill. México. 1992. 914 p
SCHIDT, 1995	**SCHIDT, Herbet.** C++ Manual de Referencia. Osborne McGraw-Hill. Madrid.1995. 592p
TANAMBAUM, 1997	**TANAMBAUM, Adrews,** Redes de computadores. 3º Ed. Prentice-Hall. Mexico. 1997. 812 p.
TANAMBAUM, 1992	**TANAMBAUM, Adrews,** Sistemas Operativos Modernos. Prentice-

Hall. Mexico. 1992.

TRUJILLO, 1996 **TRUJILLO, Carlos**. Análisis de Sistemas. Editorial Universidad del Valle. Cali, 1996

www.ingramcontent.com/pod-product-compliance
Lightning Source LLC
Chambersburg PA
CBHW080917170526
45158CB00008B/2137